受注から制作、納品までに潜む

トラブル対策55

クリエイター六法

弁護士 宇根駿人
田島佑規

はじめに

本書は、クリエイターの皆様がトラブルの予防・対応をするにあたって参照するための、常に手元に置いておきたい辞書やお守りのような書籍を作りたいという思いから生まれました。まさに法律家における六法全書のような存在を作りたかったので、『クリエイター六法』というタイトルになったというわけです。

私たちは、デザイナーやクリエイターの方を対象に法務サポートを提供するWebサイト「デザイナー法務小僧」を共に運営しています。デザイナー法務小僧では、2018年6月のWebサイト開設以降、延べ200人以上のクリエイターの方からご相談をお受けしてきました。しかし、多数のご相談をお受けする中で、無料法律相談の提供を始めとしたスポット（単発）のサポートでは必ずしも十分な解決となっていないと思うことが多くありました。

もちろん継続的な法務サポートを得ることがベストであることは言うまでもありませんが、それが（特にフリーランスの方にとっては）金銭的な事情から簡単ではないことは、何よりもクリエイターの方ご自身が感じているところでしょう。

それでも、そんなクリエイター側の事情とはお構いなしに、案件を受注し、制作を開始した時から一般的な企業やベテランのフリーランスと同等のビジネス当事者として扱われ、日々の取引現場は動いていきます。残念ながら「法務的なスキルやリソースが十分ではなかったので、この契約書はなかったことにしてください」ということや、「駆け出しなので、大目に見てください」などということは、まず通用しないでしょう。また、特にフリーランスで活動されている方にとっては、事業規模も大きくないがゆえに、1つのトラブルが今後の活動に多大な影響を与え、場合によっては致命傷となってしまうこともあります。

こうした中、クリエイターの方の法務需要の高さとコスト面とのギャップをいかに埋め、制作に集中できる環境を作るかが課題であると認識しました。

そして、そのためにどのようなサポートができるか、この2〜3年は頭を悩ませ続けてきました。

その上でたどり着いた答えが、

- クリエイターの方が直面する可能性のある代表的な事例を共有することで、事前に危険な場面を察知し、トラブル予防に繋げていただくのがよいのではないか
- 不幸にもトラブル事例に直面した際の対応策や今後の予防策を共有することで、必ずしも弁護士などの専門家に頼らなくとも最低限必要な対応はできるようになっていただくのがよいのではないか

ということでした。以上を具体化したのが本書です。

本書に記載されているトラブル例や、対応策・予防策は、実際にトラブルに直面し、悩みぬいた末に、我々弁護士のところにご相談に来てくださったクリエイターの方と一緒に、その都度、頭を悩ませ作り上げていったものともいえます。そうして作り上げていった知見・ノウハウを共有すべく、本書では、惜しみなく開示したつもりです（なお、トラブル例は実際の例をベースとしつつも、案件の特定に繋がらないようアレンジ・加工しています）。

もちろん中には、「ここからは専門家にアクセスいただかざるを得ない」と記載したものもありますが、我々の願い・目標は、クリエイターの方に、多くのトラブル事例やトラブルの火種となる事例に対し、必ずしも専門家によるサポートを受けなくても、自力で最低限の予防・対応ができるようになっていただくことです。

初めから通読していただくことでももちろんよいですし、その都度、気になる部分や関心がある部分だけを読んでいただくだけでも大丈夫です。

本書をご覧いただき、ぜひトラブル予防・対応のノウハウを身につけていただければと思います。

クイックリファレンス

困りごとから探せる！

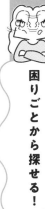

第1部 仕事の段階別に学ぶトラブルの予防と対策

第1章 集客・営業のときのトラブルの火種

修正
また修正
やっぱり修正

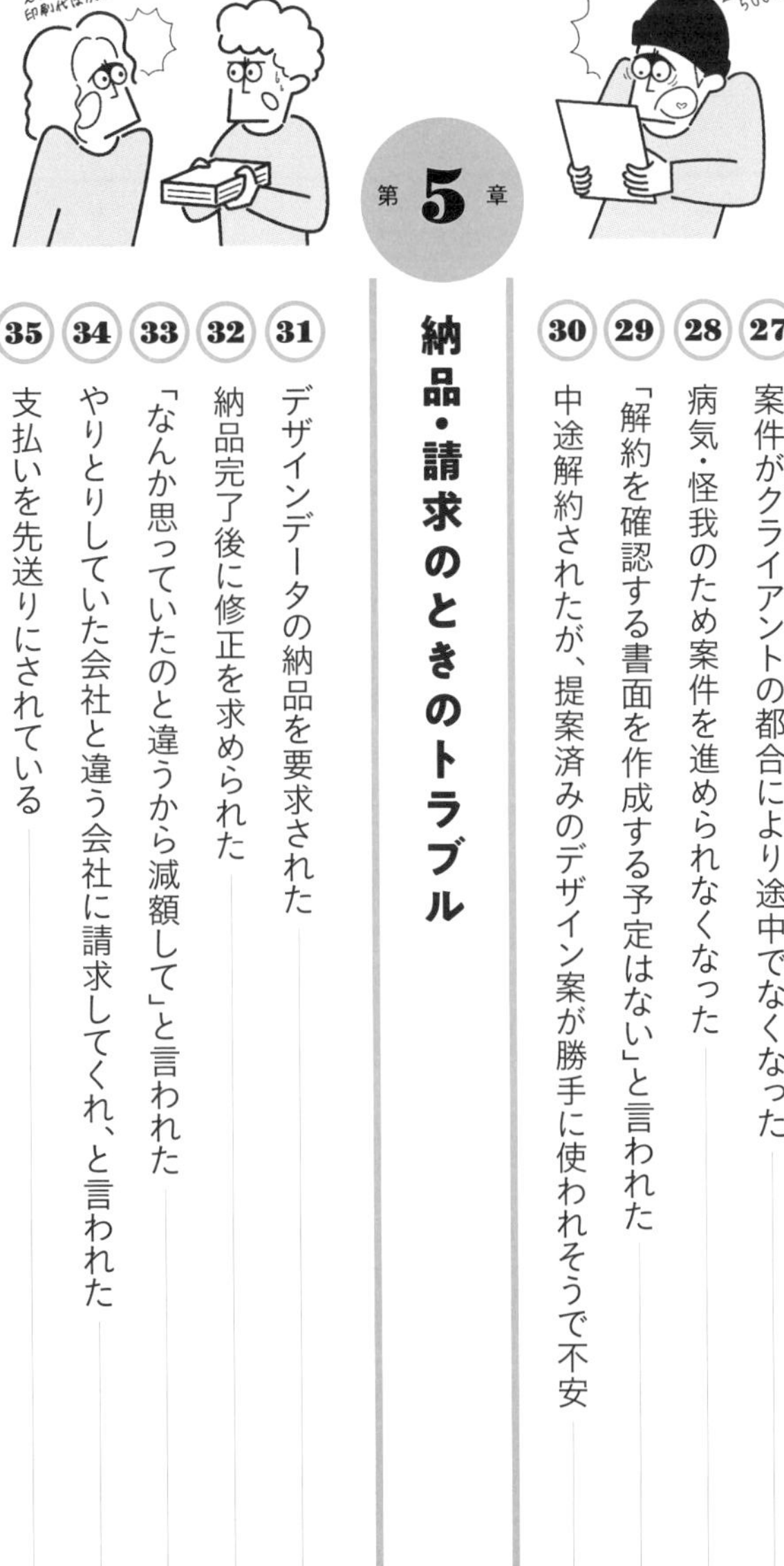
違約金
500万!?
えっ?
印刷代…?
えっ!?
印刷代は別だよ!?

第7章 思わぬトラブルの火種

第8章

人気が出てきたときのトラブルの火種

第2部 これだけは知っておきたい法律の知識

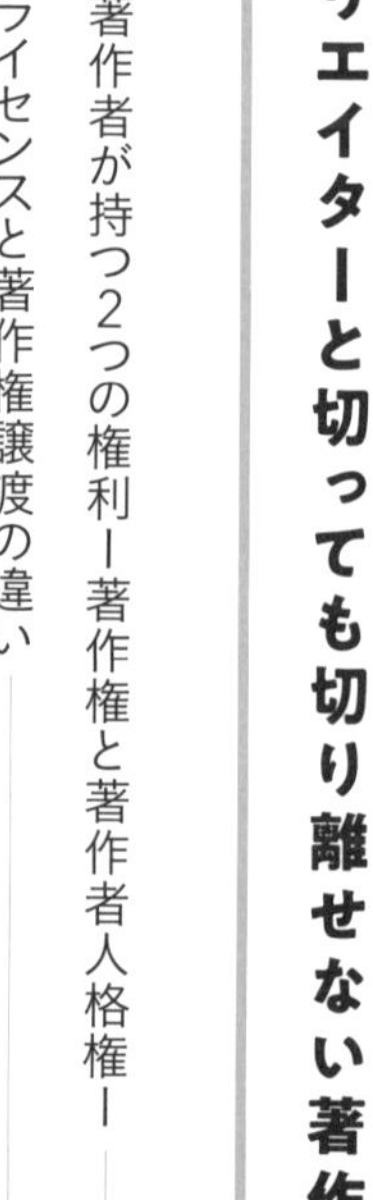

Column

会員特典データのご案内

本書では、クリエイターの方に向けて、よくあるトラブルへの対策や最低限知っておいてほしい知識を解説しています。クリエイターの方がよりトラブルを未然に防ぎ、万が一トラブルが起こった際にも対応ができるように、以下の特典を提供いたします。

・クリエイティブ業務委託契約書のひな型

・本書で紹介したメール文例テキスト

会員特典データは、以下のサイトからダウンロードして入手いただけます。ぜひご活用ください。

https://www.shoeisha.co.jp/book/present/9784798184142

※会員特典データのファイルは圧縮されています。ダウンロードしたファイルをダブルクリックすると、ファイルが解凍され、利用いただけます。

■ 注意

※ 会員特典データのダウンロードには、SHOEISHA iD（翔泳社が運営する無料の会員制度）への会員登録が必要です。詳しくは、Web サイトをご覧ください。

※ 会員特典データに関する権利は著者および株式会社翔泳社が所有しています。許可なく配布したり、Webサイトに転載することはできません。

※ 会員特典データの提供は予告なく終了することがあります。あらかじめご了承ください。

■ 免責事項

※ 会員特典データの提供にあたっては正確な記述につとめましたが、著者や出版社などのいずれも、その内容に対してなんらかの保証をするものではなく、内容やサンプルに基づくいかなる運用結果に関してもいっさいの責任を負いません。

※ 会員特典データに記載されている会社名、製品名はそれぞれ各社の商標および登録商標です。

第1部

仕事の段階別に学ぶトラブルの予防と対策

筆者のもとに実際に届いた法律相談から、よくあるトラブルを55個厳選し、段階別にまとめました。

トラブルが起こったときや巻き込まれそうなとき、ふと対処法が気になったときなど、ぜひ該当するパートを参照してください。すべてのパートに対処法、予防策が掲載されているので、自分の身を守るために本書を活用してください。

著作権
商標権
侵害

第1章

集客・営業のときのトラブルの火種

01

過去の案件をポートフォリオに載せている

関連項目 10

類似のケース

- 有名企業の案件に携われたので、当該案件に関わったことをSNSで発信した
- クライアントからの依頼で制作した過去のデザインを個人のWebサイトで紹介している

相談事例

自分が作ったデザインなのにWebサイトで公開したら著作権侵害!?

イラストレーターのXさんは、5年勤めていたデザイン会社を退職し、フリーランスとして独立することにしました。独立する旨を以前から付き合いのある広告代理店Y社の担当者に伝えたところ、「独立したばかりは大変だろう。安くやってくれるなら、Y社の案件を毎月紹介できるけど、どうか?」と提案されました。Xさんは、まずは対外的に紹介できる実績を作りたいと考えていたこともあり、「安くやるのは嫌だな」と感じたものの、この提案を受けることにしました。実際にY社からの案件依頼は多く、約1年間にわたりほぼY社の案件だけを行いました。

Xさんは独立して1年が経過したこともあり、そろそろY社以外のクライアントからの依頼も積極的に受

けたいと考えたことから、自らのＷｅｂサイトを開設し、Ｙ社からの案件で自ら制作したイラストをポートフォリオに掲載しました。

すると、Ｙ社の担当者から「ポートフォリオを見たが、無断で弊社のイラストを掲載するとはどういうつもりか？ 発注書にも記載の通り、Ｘさんから納品を受けた成果物は全て弊社に著作権が帰属する。速やかにポートフォリオから弊社のイラストを削除してほしい」とメールが届きました。さらに電話でも「無断でポートフォリオに掲載するなんて非常識だ。社長も非常に怒っているので、一度、状況説明と謝罪にきてもらわないと困る」と連絡を受けました。

Ｘさんはそもそも実績になるからこそ安い値段で案件を受注していたという認識であり、またＹ社の担当者からも「安い値段だけど実績になると思ってよろしく頼む」と言われていたため、本当に自分が謝罪する必要があるのか納得できないでいます。

対応策

受注の際の著作権に関する合意内容とその他の条件を確認する

まずは、Ｙ社の案件を受注するうえで締結した書面に、著作権など権利に関する取り決めがあるかを確認する必要があります。契約書があれば契約書を確認すればよいですが、契約書がないケースであれば、発注書・見積書の記載内容や過去のメールのやりとりなどを確認し、Ｙ社の案件で制作したイラストの権利関係について何らかの合意があったかを確認します。

今回のＹ社の言い分のように、発注書の中に「本件の成果物に関する著作権その他一切の権利は納品と同時にＹ社に帰属します」といった一文が存在していた場合、当該発注書に基づき制作したイラストの著作権はＹ社にあることになります。著作権がＹ社にある場合、そのイラストを制作したＸさんであっても作品を自由にWebサイトに公開することはできません。著作権を持つY社に無断でイラストを公開すれば、著作権侵害と判断される可能性が高いでしょう。

また、著作権に関する取り決め以外にも、秘密保持義務・守秘義務の観点からも問題がないかを確認する必要があります。例えば、Xさんがその案件に関与した事実についてY社から守秘義務が課されていた場合、Y社に無断で自ら当該案件に関与した事実を公表すれば、守秘義務違反として責任追及がなされる可能性があります。

なお、今回のケースでは、Y社の担当者から「まあ安い値段だけど実績になると思ってよろしく頼む」と言われていましたが、これが口頭で言われただけであれば、Y社の担当者からこうした発言を否定されてしまうと証拠がないことになります。また、そもそもここでいう「実績になる」ということが、単に経験になるという意味なのか、実績として公開してよいという意味まで含んでいるかは不明確です。そのため、この1点をもってポートフォリオでの公開は許諾されていたと主張するのは、残念ながら厳しいといえるでしょう。

予防策 受注時点で実績公開の可否を確認し、その結果を残しておく

このようなことを予防するには、受注時点で、制作物をポートフォリオなどで実績として公開してよいか、事前に確認を行うことが重要です。合意が得られた場合には、それをあとから見返せる証拠となる形で相手と共有しておきましょう。

契約書を作成する場合には契約書に記載することになりますし、契約書を作らないケースでも受注書・見積書などに記載して了解をもらっておく、あるいは、メールなどに記載してクライアントから了解の旨の返事をもらっておくことなどが考えられるでしょう。

なお、これは他のケースでも使えるテクニックですが、自分にとって重要なことが会議や電話など口頭のみで話された場合には、例えば「勘違いがあってもいけないので、お話いただいた内容をメモとしてお送りします。内容に誤りがある場合にはご指摘ください」というような形で相手方に送っておくことで記録できます。

ポートフォリオの公開に関して契約書や受注書などに盛り込んでおくべき文章の一例としては、次のような文章が考えられます。

> Xは自らの実績として、Y社からの依頼に基づき制作したイラストなどの成果物につき、印刷物、Webサイトその他媒体を問わず公開することができるものとします。ただし、当該成果物につき一般公開前のものについては一般公開後に実績として公開できるものとします。

ワンポイントアドバイス

特に広告代理店のように、クライアントの先に、さらにクライアントがいる場合などは、このポートフォリオでの公開が問題になりやすいといえるでしょう。例えば、Z社というクライアントがいて、Z社から代理店Y社が制作業務を請け負い、そのうちの一部をY社がXさんに発注しているようなケースです。こうしたケースでは仮にポートフォリオで公開することが法律上あるいは契約上は問題がない場合であっても、Y社が自身のクライアントであるZ社に対して、外部に発注しているという事実や、外部の発注先を公開したくないと考えていることなどを理由に、事実上トラブルになることも多く、注意が必要です。

02

自分と似た名前のデザインオフィスを発見した

関連項目 47、第10章

類似のケース

- 自社サービス名に似たサービス名を発見した
- 自社ロゴに似たロゴの企業を発見した
- 自社ブランド名に似たブランドを発見した

相談事例

似たような名前って商標的にどうなの？

デザイナーのXさんは、会社員を辞めフリーランスになることにしました。事務所名は「Yデザインオフィス」と決め、名刺・ロゴの制作やWebサイトの開設などを行いました。準備を終え、SNSで営業を開始したところ、5年前に開業された「Yデザイン事務所」を見つけました。Xさんは「ほとんど同じだし、事務所名を変えたほうがよいのだろうか」と悩んでいます。

対応策

商標登録の有無を確認する

他者と似たような事務所名・サービス名などを利用する法的リスクには、商標権侵害や不正競争防止法違反があります。このケースでは、まずは商標権侵害をしていないかを確認しましょう。他者の事務所名・サービス名が、自らと同種の事業内容で、商標登録をされていると、その名称と類似する名称を同種の事業で利用する行為は商標権侵害となる可能性が高いです。商標権を侵害すると、自らが稼いだ利益と同等の額の賠償が必要になるケースもあるので、商標権侵害の可能性が高い場合には、事務所名を変更せざるを得ないでしょう。なお、商標登録がされているかは、J-PlatPatやToreruというサービスで検索できます。検索バーに事務所名・サービス名を入力してみて、ヒットしたら商標登録がされているということです。

予防策

事前に調査・確認する

事務所名・サービス名を検討する際には、その名称が既に自らと同種あるいは類似の事業内容で商標登録されていないかを事前に確認しましょう。なお、商標権侵害の可能性があるため、登録されている商標と類似する名称についても調査しましょう。

商標権は原則として誰でも取得できるので、名称を決める時点の調査で商標登録がされていなくても、その後、第三者に商標を取得される可能性もあります。そのため、会社名・サービス名・ブランド名などの事業にとって重要な名称は、商標登録を行うようにしましょう。

ワンポイントアドバイス

商標登録がされていなくても、有名な名称と同一または類似する名称を利用すると不正競争防止法違反となる場合があります。よって、有名な名称のブランド力にフリーライドするような名称を付けることは控えましょう。

03

クラウドソーシングサービス内で直接取引を持ちかけられた

関連項目 46

類似のケース

- 代理店経由のクライアントから直接契約したいとの申し出を受けた
- スキルシェアサービス内でマッチングしたクライアントと直接、取引しようとしている

相談事例

たしかに直接契約の方がありがたいけど問題にならないの？

営業チャンネルの拡大のため、デザイナーのXさんは、発注者と受注者をマッチングするクラウドソーシングサービスに登録し、Y社とマッチングしました。Xさんは、Y社から「サービスを経由するとお互いに手数料を取られるので、直接契約しないか？」と打診を受けました。Xさんは、よくないのではないかとは思いつつ、Y社の申し出を断ることで失注する気もしており、対応に迷っています。

対応策

毅然とした対応で断るのが吉

クラウドソーシングサービスは、発注者と受注者から

手数料を受け取って成り立つものが多いです。そのため、サービス外で契約（直接取引）がなされると、手数料を受け取ることができないので、利用規約で「サービス上で知り合った発注者と当該サービスを経由せずに契約してはならない」旨が規定されていることが予想されます。まずは自分が同意した利用規約を確認しましょう。

利用規約で直接取引が禁止されていない場合は特段、問題となりません。一方、利用規約で禁止されている場合、直接取引をすると利用規約違反となります。利用規約に違反すると、違約金を請求されたり、以降のサービスの利用を禁止されたりする可能性があるので、今回のような求めは、毅然とした対応で断るのが良いでしょう。

予防策 規約違反をするような企業とは付き合わない

クラウドソーシングサービスへ登録する際には、直接取引に関する部分の利用規約を確認しましょう。直接取引が禁止されている場合には、利用規約違反にならないよう行動してください。

案件獲得の観点から、直接取引の求めを断ることには勇気が要るということも理解できます。しかし、利用規約違反を平然とするような企業は信頼できる企業でしょうか？ 仮にトラブルになった場合には、解決のために余計な時間やお金を使う必要も出てきます。案件をきっぱりと断ることが一番のリスクヘッジになるでしょう。

ワンポイントアドバイス

クラウドソーシングサービスを利用するメリットとしては、弁護士法との関係上一定の制限はありますが、トラブルになった際にやりとりを取り持ってくれたり、損害を補償してくれたりする可能性があることがあげられます。

04

アイデア・方向性の提案をしたあと、クライアントが音信不通になった

関連項目 29、39

類似のケース

- 自分のアイデアが無断利用されているのを発見した
- ボツになったアイデアが勝手に使われていた

相談事例

あれ？ これって私が以前提案したアイデアじゃない？

デザイナーのXさんは、お菓子メーカーのY社から、「新商品を開発しており、そのロゴとパッケージデザインを制作してくれるデザイナーを探している。Xさんにお願いした場合、どういったデザインになりそうか、まずはそのアイデアや方向性の提案をお願いできないか？ また、実際にお願いするとした場合の見積もりもいただきたい」と連絡がありました。

Y社は、有名なお菓子メーカーであり、Xさんとしてもぜひとも受注したかったことから、気合を入れて、具体的なデザインの前提となるアイデアや方向性をまとめ、見積書とともに提案しました。Y社からは、「ありがとうございます。検討のうえ、ご連絡させていただきます」と返信がありましたが、その後連絡が取れなく

なってしまいました。

実は、今回のY社の案件だけでなく、このようなことが過去に何回か続いており、Xさんは困っています。

そんなある日、街を歩いていると、Xさんのアイデアを具体化したようなロゴ・パッケージデザインのY社の新商品が販売されていました。Xさんは「特にY社から何の連絡もなく、勝手に自分のアイデアが使われている」と考え、何かY社に対して主張できることはないかと悩んでいます。

対応策

残念ながら、これからの対応は難しい

Xさんが主張できる可能性があることとしては、「①自分のアイデアを無断利用されたことに関するもの」と「②アイデアを提案したことに対する対価の請求」が考えられます。

まず、「①自分のアイデアを無断利用されたことに関するもの」について説明します。一般的に、具体的表現の前提となるアイデアに著作権は発生しないと考えられており、今回の件において著作権に基づく請求を行うのは困難でしょう。なお、単なるアイデアを超えて、アイデアを具体化した表現まで無断利用されていた場合には、著作権侵害などが主張できる可能性はあります。

そのうえで、自分のアイデアを守るためには、予防策で後述する通り、NDA（秘密保持契約）を締結することが考えられます。しかし、すでに新商品も販売されており、Y社がXさんとのNDAを締結するインセンティブは全くないことから、現時点からNDAの締結を依頼しても効果はないと思われます。そのため、①について、これからXさんが何らかの対応をとることは難しいといえるでしょう。

次に、「②アイデアを提案したことに対する対価の請求」についてです。この点のポイントは、アイデアを提

案する業務に関し対価が発生するものとして契約が成立していたかというところです。今回の件では、Ｘさんは Ｙ社から、「実際にお願いするとした場合の見積もりもいただけるとありがたい」と伝えられています。通常は、見積もり→発注の申し込み→受注の承諾、という流れであることが考えられ、この場合、受注を承諾した時点で契約が成立するものと考えられます。したがって、見積もりを提出した後、正式な発注の申し込みがない段階で、音信不通となっている今回の件では、契約が成立していると解釈することも困難です。

以上の通り、今回の件において、これからＸさんが何らかの対応をとることは難しいといえるでしょう。

予防策

ＮＤＡを締結しよう

自分がクライアントに提案したアイデアを無断利用されないためには、提案資料を提出する前に、図１-１のようなＮＤＡ（秘密保持契約）を締結しましょう。ＮＤＡには、通常、ＮＤＡを締結する目的を記載する部分がありますが、その部分に「ＹがＸに対しデザイン制作業務を委託することを検討する目的」と記載します。そして、ＮＤＡには、通常、秘密情報の目的外利用を禁止する条項（図１-１、第２条）がありますから、Ｙ社がＸさんに対しデザイン制作業務を委託する以外の目的でＸさんが提供したアイデアをＹ社が利用した場合には、ＮＤＡ違反として責任を追及できるでしょう。

なお、自らが提案する資料には「Confidential」や「㊙」など、その資料がＮＤＡの対象の資料であるということがわかる記載も合わせて行うとよいでしょう。仮に口頭で提案した場合には、あとからメールなどで「先ほどご提案した〇〇という内容についてですが、こちらも秘密保持義務の対象にてお願いいたします」などと連絡しておくことも考えられます。

図1-1　秘密保持契約書の例

> 秘密保持契約書
>
> 株式会社Y（以下「甲」という）とX（以下「乙」という）とは、次の通り秘密保持契約（以下「本契約」という）を締結する。
>
> 第１条（目的）
> 本契約は、甲乙が下記の目的（以下「本目的」という）のために相互に機密情報を開示するにあたり、当該機密情報に関する取り扱いを定めるものである。
>
> 記
> 目的：甲が乙に対しデザイン制作業務を委託することを検討する目的
>
> 第２条（目的外使用の禁止）
> 機密情報の受領者は、相手方の機密情報を本目的以外の目的で使用してはならない。
>
> 第３条（機密情報の範囲）
> 本契約における機密情報とは、……（以下、省略）

次に、アイデアを提案したことに対する対価を請求するためには、提案資料を提出する前に、契約を締結しましょう。アイデアの提案自体にも対価が発生する旨を説明し、クライアントに納得してもらえれば、アイデアの提案自体に対し報酬を請求できることとなります。

ワンポイントアドバイス

今回のような件は、コストを抑えるために自社デザイナーや別途クラウドソーシングで発注したデザイナーへと、実作業が流れていることが予想されます。アイデア提案前に契約締結を打診することは難しい局面もあると思いますが、「過去の他のクライアントにおいて、そのようなトラブルを経験したため、提案段階から契約の締結を依頼しています」と伝えると、普通のクライアントであれば、少なくともＮＤＡの締結には応じてくれるでしょう。

05

友達価格でやってと言われた

関連項目 01、07

類似のケース

- 実績にもなると思うから、安い金額でやってほしいと言われた
- 初回取引なので、トライアルとして安い金額でやってほしいと言われた

相談事例

友達だと思って信頼してたのに!!

駆け出し動画クリエイターのXさんは、案件獲得のため、自らのSNSで「フリーランスになったので、動画制作の案件があればぜひ声をかけてほしい」と発信していました。すると、学生時代の友人Zさんから、「新たにY社を起業したのだが、Y社の採用ページに掲載する会社紹介動画を制作できる人を探している。Xは学生時代から動画を作るのが得意だったし、フリーランスとして働き始めたという発信を見たので、ぜひお願いできないか？　起業したばかりで正直予算はないので、申し訳ないが友達価格でお願いしたい」と連絡がありました。

Xさんが具体的な予算を確認したところ、相場の半額程度しか予算はありませんでしたが、友人のZさん

が起業したY社を応援したいと思ったことや、ひとまず売り上げになり、また、実績にもなることから、友達価格で案件を受けることとしました。実際に制作した動画は好評で、Y社の案件は無事終了しました。

その後、Xさんは、他のクライアントからの引き合いも増え、フリーランスとして安定的な収入を得られるようになってきました。そんな折、Zさんから「SNSでY社の企業アカウントを運用しようと思っている。そのSNSに掲載する動画制作を頼めないか？　予算は前回と同程度くらいでお願いしたい」と連絡がありました。Xさんは、フリーランスとして実績も出てきていたことやY社の業績が順調という噂を聞いていたことから「前回は予算が厳しいということで、応援の意味も込めて友達価格でやったが、今回は通常価格でお願いしたい」と回答しました。すると、Zさんから「予算的に難しいので、通常価格になるのであれば他の人にお願いする」と言われました。

Xさんとしては、友人だと思って応援の意味も込めて友達価格で受けていたのに、単純に安く使われていただけのような気がして、もやもやした気持ちが残ってしまいました。それ以来、Zさんと連絡を取るのが億劫になり、Zさんとは学生時代から仲がよかったのですが、この案件を機に疎遠になってしまいました。

対応策

予防策をきちんと講じるしかない

今回の事例は、通常の案件であれば費用感が合わなかっただけの案件として済むのですが、友人からの案件ということで感情的な部分が絡んでややこしくなってしまっています。残念ながら、残ってしまったもやもやの気持ちは、どうすることもできないので、今後は予防策をきちんと講じるようにしましょう。

予防策

友人関係だからこそ、条件をはっきりと

仮に、Xさんが採用ページに掲載する会社紹介動画を受注する際に、「正直、これだと相場の半分くらいの予算感で厳しいけど、駆け出しの私に声をかけてくれてありがたかったし、Y社の応援の意味も込めて、今回限定で特別に友達価格で引き受けるよ！」と伝えていたらどうでしょうか？　仮に、Zさんが安く使ってやろうと思っていたのであれば、2回目に声がかかることはなかったでしょうし、また、どうしても予算が厳しいのであれば、「何とか今回も特別に友達価格でお願いできないか」という旨の連絡が来るなど、もやもやが残るやりとりを防げた可能性はあるでしょう。

知人からの案件は、お互いがお互いを思って受発注を行うこともあり、お互いの信頼関係をベースに取引が行われます。そのため、一度トラブルになってしまうと、ビジネスライクな対応を超えてお互いが感情的になり、収拾がつかなくなることが少なくありません。「信頼している知人からの案件だから詳細に意図を説明したり条件を詰めたりしなくてもわかってくれるだろう」と思うことなく、知人からの案件だからこそ、きちんと説明し条件を確認することをおすすめします。

ワンポイントアドバイス

類似のケースにもある通り、特に駆け出しのころは相場より安い金額でやってほしいと依頼を受けることはよくあります。実績作りなどを考慮して安く受注する分には何ら問題ありませんが、その際にはきちんと相場より安い金額であるということや今回限りの特別価格であることを見積書などで明示しておきましょう。次回受注する際に、通常価格での受注を交渉しやすくなります。

第2章

受注のときのトラブルの火種

06

飲み会の席で口頭で案件を受注した

関連項目 07

類似のケース

- 口約束で案件を受注した
- 先方から「契約書や発注書を用意する予定はない」と言われた

相談事例

これって正式発注と考えていいの!?

駆け出しのフリーランスデザイナーXさんは、営業のため、中小企業の経営者や自営業者が集まる異業種交流会に参加しました。

その中で、Y社の代表Zさんと話す機会があり、名刺交換のうえ、ポートフォリオを見せつつ会話をしていました。すると、Zさんから「実は自社Webサイトの改修を近々検討している。実際の制作例を見せていただき気に入ったので、そのWebサイトの改修をお願いできないか？　来月くらいには改修したいと思っていて予算は30万円くらい。A社のこのサイトのようなWebサイトのイメージでいるが、どうか？」と言われました。Xさんは異業種交流会で案件を獲得できるなんてラッキーだと思い、すぐに了承しました。

期限も近づいていたことから、帰宅後すぐにWebサイトのデザイン案を制作し、見積書とともに名刺に記載されたメールアドレスに送ってみましたが、Zさんからは、「異業種交流会ではありがとうございました」という返信がきたのみで、それ以来、連絡がありません。

異業種交流会の場でZさんが言っていた期限が迫ってきているのもあり、Xさんとしては、このあとの作業を続けるべきかどうか悩んでいます。

対応策

メールを送ってみよう

今回の件では、XさんとY社の間にWebサイトの制作委託に関する契約が成立しているかどうかが重要なポイントです。契約が成立しているのであれば、Xさんには、Webサイトの制作に関する義務が生じ、仮に納期に作業が間に合わなかった場合には、契約違反として責任を問われる可能性があります。

一方、契約が成立していないのであれば、Xさんには法的義務は生じず、Webサイトの制作を進めても（Y社にも報酬支払い義務が生じていない結果）、最終的にはタダ働きとなる可能性もあるのです。

それでは、今回の件において、契約は成立しているのかを見ていきましょう。契約は、作業をお願いすることに関する申し込みの意思表示と、それに対する承諾の意思表示があって初めて成立することになります。契約は、口頭であろうが契約書を交わしたものであろうが、変わらず成立します。契約書の場合、署名押印をすることが申し込み・承諾の意思表示となります。

今回は、異業種交流会の場でY社の代表ZさんからWebサイトの制作を依頼する意思表示がなされ、Xさんがそれを了承していることから契約が成立しているようにも思えます。しかし、Zさん側の発言は、まだ正式な仕事のオファーをしたのではなく、あくまで発注の可能性の話をしただけにすぎず、正式な契約の申し込みではないと評価される可能性もあります。

また、書面で契約をしたのと違い、口頭でのやりとりのため、証拠は残っていません。異業種交流会の場でお酒が入っており、Zさんとしてはそのような依頼をした覚えはないかもしれませんし、もしかすると、Xさんの聞き間違えということもあるかもしれません。このように、現状は、契約は成立しているかもしれないけれど、証拠もないという、不安定な状態といえるため、こうした状態を解消するように対応することが重要です。

そこで、現時点の対応策としては、図2－1のようなメールを送ってみるのをおすすめします。

図2-1　契約を確認するためのメールの例

From：x@xxmail.co.jp
To：z@xxmail.co.jp
件名：Webサイト改修についてご確認

Y社　Z様

いつもお世話になっております。
Xです。

貴社のWebサイトの改修の案件を以下の条件で発注いただいたと理解しており、デザイン案と見積書をお送りしましたが、ご確認状況はいかがでしょうか？
納期：○年○月
報酬：30万円（消費税別）

納期も迫ってきていますので、ご連絡させていただきました。
なお、そもそも発注いただいていなかったということでしたら、その旨のご返信をいただけますと幸いです（○月○日までにご返信がなければ、発注いただいていなかったものと理解いたします）。

よろしくお願いいたします。

X

予防策　作業開始前に条件の確認を

既にデザイン案を作成していることから、もし契約が成立していないということになると、一部タダ働きをしたこととなってしまいます。そのため、作業を開始する前に、必ず受発注書などの書面で契約の成立を確認するよう意識することをおすすめします。なお、書面を作成するのが手間であるという場合には、次の図2－2のようなメールでも問題ありません。

また、対応策のところで「現状は、契約は成立しているかもしれないけれど、証拠もないので、不安定な状態」と書きました。これを読んで、「契約が成立している可能性もあるのであれば、報酬ももらえるかもしれないし、そのまま作業を続けても問題ないのでは？」と思った方もいるかもしれません。しかし、契約が成立しているかどうかは、双方が争い続ける限り、最終的には裁判にならないと決着がつきません。したがって、あらかじめ契約の成立を明確にしておくに越したことはないでしょう（ワンポイントアドバイスも参照）。

図2-2　発注の意思を確認するためのメールの例

From：x@xxmail.co.jp
To：z@xxmail.co.jp
件名：先日のお礼とWebサイト改修案件について

Y社　Z様

お世話になります。
Xです。

昨日の異業種交流会では、お話しさせていただき、また、貴社Webサイト改修の件も発注いただき、ありがとうございました。
契約条件は以下の通りと思っておりますが、ご認識と相違ありませんでしょうか？（飲みの席だったこともあり、念のためにお送りさせていただいております）
案件：貴社Webサイトの改修（イメージ：A社のサイトのようなデザイン）
納期：〇年〇月
報酬：30万円（消費税別）

以上の内容で相違なければ、早速、作業に取り掛からせていただきますので、その旨、ご返信いただけますと幸いです（ご返信をもって契約成立とさせていただければと思います）。

以上、ご不明な点などございましたら、何なりとお問い合わせください。
引き続き、どうぞよろしくお願いいたします。

X

ワンポイントアドバイス

裁判をしている間は、時間的、精神的、経済的に負担がかかります（裁判をするとなると少なくとも半年から1年程度はかかりますし、弁護士費用なども優に数十万円はすることも多いでしょう）。したがって、裁判などのコストをかけないと白黒はっきりさせられない（その結果、泣き寝入りを選択せざるを得ない）ということを防止するという観点が重要です。

07

金額をはっきりと決めないまま受注した

関連項目 06

類似のケース

- 業務範囲をはっきりと決めないまま受注した
- ふわっとした予算感だけ伝えられて案件がスタートした

相談事例

金額を決めずに着手したけど、これっていくら請求できるの？

デザイナーであるXさんは、知人から「デザイナーを探している人がいる」と、つい先日起業したばかりのZさんを紹介されました。早速打ち合わせを行い、Xさんは、Zさんから「先日、環境問題の解決に取り組むスタートアップ企業としてY社を設立した。ブランディングも含め企業イメージやデザインに統一性をもたせたいので、Y社のクリエイティブディレクターとして中長期的にお付き合いできるデザイナーを探している」という旨の話を聞かされました。

Xさんは、クリエイティブディレクターとしての経験が得られることや、中長期的に案件が続くのであればぜひやりたいと考えたことから、前向きに検討したい旨の返事をしました。すると後日、Zさんから契約書が送られてきました。契約書には、「XにY社のクリエイティブディレクターとしての業務を依頼すること」「契約期間は3年間。ただし双方1カ月前までに予告することで契約を解除できる」「報酬については別途協議のうえ決定すること」が記載されていました。

また、Zさんから報酬について「月額報酬を考えているが、国に対して補助金を申請中であるため、具体的な金額は補助金額の決定後に別途協議のうえで定めたい。もちろん、それ相応の金額はお支払いする」旨の説明がなされました。この案件を逃したくないと考えていたXさんは、Zさんの気が変わる前に必要な手続きを済ませたいと考え、速やかに契約書にサインを行いました。

その後、Zさんから「まずはWebサイトとロゴ・名刺デザインをお願いしたい」と言われたため、早速デザイン制作に取りかかりました。2カ月後、無事にロゴ・名刺をデザインし、納品しました。さらに、Webサイトのデザインについても完成させ、公開間近の段階にまで至った頃、Zさんから、「Y社に対して補助金が下りなかった。大変申し訳ないが、クリエイティブディレクターの件はなしにしてもらいたい。これまでの作業分については支払いたいと思うが、なにせ想定外の事態で予算がなく、5万円で勘弁してもらいたい」旨の連絡がありました。

通常の案件であれば、少なくとも30万円程度は請求する作業量であり、5万円などという金額では到底納得できず、Xさんはどう対応すればよいか悩んでいます。

対応策

事前の金額の合意がない以上、過去の例や相場を伝え交渉するしかない

今回のケースではZさん（Y社）からの依頼に基づき、ロゴ・名刺デザインについては既に完成・納品済であるため、このデザインに対する報酬についてはZさん（Y

社）に請求することができるといえるでしょう。また、Ｗｅｂデザインについても完成済であり公開間近だったということなので、Ｗｅｂデザインに対する報酬についても請求可能な状態にあるといってよさそうです。

もっとも、今回はこれらのデザイン報酬の金額につき事前合意がありません。通常の案件受注の際と同様、見積書をクライアントに提出するなどして、事後的に金額の合意ができればそれで問題ありません。しかし、今回のケースのようにＺさん側が提示する金額と、Ｘさんが希望する金額に差がある場合には、簡単には合意できないでしょう。話し合いで折り合いがつかない場合、裁判などの法的手続を行う方法もあります。しかし、Ｘさんの希望金額は30万円程度のため、裁判などの法的手続にかかる時間的・金銭的・心理的コストを払うことは、現実的ではありません。

結局、過去の他案件での請求額やデザイン料金の相場感を伝え、少しでも納得する金額に近づくようＺさん側と交渉を続けることしか手段はありません。しかし、Ｚさん側が悪質である場合、いつ音信不通になり、当初申し出ていた金額すら支払われなくなるかもわかりません。こういったリスクも踏まえると、現実的には今回は高い勉強代だと思って、Ｚさん側の提示金額で妥結するという選択をするのも一案でしょう。

予防策 ひとつひとつの作業や業務内容ごとに事前に報酬金額の合意をする

今回のようなケースを予防するには、何よりも事前に報酬金額の合意をしておくことが重要です。図2-3のように、ひとつひとつの作業や業務内容ごとに事前に報酬金額の合意をすることが大事です。ひとつひとつの業務ごとに詳しく単価を記載することで、作業が増えたときに金額交渉がしやすくもなるので、この方法はおすすめです。

「見積書などにより金額を伝えたうえで案件がスタートするのは当然のことでは？」と思っている方もいるかもしれません。しかし、「案件受注時に具体的な金額を決められない合理的な何らかの理由がある場合」「どうしてもやりたい案件で受注前に金額に関する交渉を行うと失注するかもしれない場合」「友人・知人関係など相手方とある程度の信頼関係がある場合」「ざっくりとした予算感だけを伝えられ、なし崩し的に着手を行うことになってしまった場合」など、金額をはっきりと決めないまま受注してしまうケースは案外多いものです。

しかし、これらの場合であっても、何よりも事前に報酬金額の合意をしておくことが重要なことに変わりはありません。どうしても事前には報酬額を決められない場合は、少なくとも最低金額や報酬金額の目安・相場感を書面やメールなどで伝えておきましょう。いざトラブルとなった際には、それらが交渉の材料になってくれます。

ワンポイントアドバイス

一般的な報酬金額の相場感を伝える際に何を参考にしてよいかわからない方も多いかもしれません。特に正解があるわけではありませんが、一例としては日本イラストレーター協会が提示している料金表や、各デザイン会社や事務所がWebサイトなどで公開している料金表などを参考にすることが考えられます。

図2-3　報酬金額を合意するための表の例

品目	数量	単価（円）	金額（円）
a イラスト制作	10点	3,300	33,000
b ディレクション	1式	55,000	55,000
c 写真・画像制作	3点	1,650	4,950
d カタログデザイン制作	10頁	11,000	110,000

※金額はいずれも消費税込

08

競合他社の案件を受けてよいかわからなくて悩んでいる

関連項目 42、55

類似のケース

- 「自社事業と競合する事業に関する仕事は受けないでね」と言われた
- 「自社事業と競合する事業は今後やらないで」と言われた

相談事例

とっても魅力的な依頼がきたのに断らないといけないの!?

フリーランスのデザイナーであるXさんは、これまでのXさんの実績を知った有名化粧品会社Y1社の担当者Z1さんから「今年新たに立ち上げるブランドの商品パッケージと広告のデザインを担当してほしい」と依頼を受けました。Xさんは正式にこの案件を受注することにし、Y1社から提示された契約書にサインをしました。

その後、Z1さんと密に打ち合わせを行い、ブランドイメージを高めるための戦略を立案しつつ、商品パッケージのデザインと各種広告デザインを制作しました。こうして発表されたブランドは有名女優のCM効果も相まって大ヒットし、半年後にはY1社を代表するブランドとなりました。すると、XさんがY1社の大ヒットブランドのデザインを担当したことを聞きつけた大手美容エステ会社Y２社の担当者Z２さんから「今度、新たにメンズブランドを立ち上げることになった。ひいては、そのブランドについてデザイン全般をお願いしたい」という依頼が届きました。

Xさんは、ぜひとも案件を受注したいと考えたものの、以前Y１社の案件を受注した際にZ１さんから「今後しばらく競合他社の案件を受けることは遠慮してほしい。契約書にもその旨記載があるのでご了承いただきたい」という話があったことを思い出しました。そして、Y１社との契約書を確認したところ、「Xは、本契約に定める業務の完了後３年間は、Y１社と競合する事業者から本契約の業務と同種の業務を受注してはならない」という旨の記載がありました。

Xさんはぜひとも Y２社の案件を受注したいと考えているものの、Y１社との契約書の存在が気になっており、どうすればよいか悩んでいます。

対応策
競合他社の案件の取り扱いについてどのような合意をしていたか確認する

まずは、Y１社の案件を受注する際に、競合他社からの案件の取り扱いに関し、どのような取り決めがなされていたかを確認する必要があります。契約書があれば契約書を確認しましょう。今回のケースでは「Xは、本契約に定める業務の完了後３年間は、Y１社と競合する事業者から本契約の業務と同種の業務を受注してはならない」との記載があります。

今回、Y２社からの引き合いがあった時点では、Y１社から受注した業務の完了後３年を経過しておらず、かつ、デザイン業務という同種の業務を受注しようとしているケースであるため、あとはこのY２社がY１社と競合する事業者に該当するかが問題となります。

通常、競合とは、同種の事業を展開している場合や、同じ市場で顧客を取り合う関係にあるといえるような場合を指すと考えられます。今回は、Ｙ１社は化粧品製造・販売事業、Ｙ２社は美容エステ事業を行う事業者であり、一見すると競合には該当しないようにも思えます。しかし、仮にＹ２社が美容エステ事業だけでなく、オリジナルブランドの化粧水やパックなどを販売しており、Ｙ１社でも同様に化粧水やパックなどを販売しているというようなケースでは、競合する事業者に該当する可能性もあります。

明らかに競合しないと判断できる場合には問題ないですが、今回のように判断に迷うような場合には、その後トラブルに発展するリスクも残ります。よって、Ｙ１社に受注して問題ないか確認するという方法も考えられます。しかし、仮にＹ１社から「それは競合だから契約書の記載に従い、やめてくれ」と告げられた場合には、法的には問題がなかったかもしれないのに、事実上控えざるを得ず、藪蛇になる可能性もあります。

このように、競合に該当するかどうかの判断とその対応は非常に悩ましい問題です。少しでも悩んだら、専門家に相談するのがよいでしょう。

予防策　競合他社の案件の取り扱いに関する条件を明確にする

今回のようなケースを予防するには、「①どれくらいの期間、②どの事業者から、③どういった案件を受注することが禁止されるのか」を、とにかく事前に明確にしておくことが重要です。

はじめに、「①期間」では、業務完了までなのか、契約期間中なのか、業務完了後一定期間なのか、それとも将来にわたって期間の定めなくなのかなどを確認し、不合理に長期にわたるものについては、合理的に受け入れ可能な期間にするよう交渉する必要があるでしょう。

次に、「②事業者」では、どの範囲の事業者を競合とするのかを確認します。仮に、化粧品事業を営む事業者ということであっても、例えば、「化粧品事業の売り上げが総売上の過半数を占める事業者」などと後々判断に迷わないよう可能な限り明確に記載することが望ましいでしょう。

最後の「③受注が禁止される案件」では、不合理に範囲が広く設定されていたり、抽象的な内容となっていないかを確認するようにしましょう。例えば、よく「本契約と同種または類似の案件を受注してはならない」などと記載されていることがありますが、類似の案件というのは抽象的かつ広く解釈されてしまうおそれがあります。そのため、例えば、「本契約と同種の案件」や「広告デザイン案件」などと修正し、より具体的に案件内容を特定することが重要です。

なお、競合他社からの案件受注の禁止については、その禁止期間が長すぎる場合や、受注を禁止される事業者及び案件の範囲が広すぎる場合には、仮に契約書で合意していたとしても、裁判などにおいて争えば無効と判断される可能性はあります。しかし、裁判になるまでどう判断されるかわからないような不安定な状態は、それだけでトラブルの種になります。不合理な内容や到底受け入れられない内容のものは事前に交渉して修正を求めることが重要です。

ワンポイントアドバイス

どのような期間や範囲で競合他社からの受注禁止を受け入れるかは、その契約から得られる対価の額にも関係します。例えば、他の案件を失注しても問題ないほど対価が高い案件であれば、受注禁止を広く受け入れるという判断も合理性がありえるでしょう。このような競合他社からの受注禁止の規定など、将来の事業活動にも大きな影響を及ぼす条件は、当該案件だけでなく将来も見据えたうえでチェックすることが肝要です。

09

違約金の記載がある契約書を提示された

関連項目 08、11

類似のケース

- 「納品が1日遅れるごとに○万円支払う」という記載がある契約書を提示された
- 「秘密保持義務に違反した場合、○万円を支払う」という記載がある契約書を提示された

相談事例

違約金500万円ってこれ本当に支払わないといけないの!?

フリーランスの動画クリエイターであるXさんは、映像制作会社Y社の担当者Zさんから「Y社にて新たに業務をお願いできる動画クリエイターを探している。Xさんは実績も申し分なく、代表もXさんの作品を気に入っているので、ぜひY社のスタッフとして業務委託契約をお願いしたい。もし興味があるなら、まずは基本契約を締結したうえで、個別業務はその都度報酬などを定めた発注書に基づき行ってもらいたい」と依頼を受けました。

Xさんが「ぜひ前向きに検討したい」と返事をしたところ、Zさんから「映像制作業務委託基本契約書」が送られてきました。Xさんが早速内容を確認すると、気になる点が1点だけありました。損害賠償に関する条文における「Xが本契約の定めに違反した場合、実際にY社に生じて

いる損害の有無にかかわらず、その違約金として500万円を支払うものとする」という記載です。Xさんにとって500万円は大金で、到底払える額ではありません。

そもそもフリーランスや個人事業主に対して500万円の違約金は現実的なものではなく、そうしたことはY社もわかっているはずです。このような記載が単に形式上のものなのか、または、一般的なものといえるのか、そして、その金額は妥当なのかなどについて、Xさんはよくわからず、どう対応してよいか悩んでいます。

対応策 受け入れ可能な内容かを確認し積極的に交渉する

違約金に関する定めについて、フリーランスや個人事業主に対する契約であっても記載されていること自体は必ずしも珍しいことではありません。その違約金額があまりにも高額な場合には、裁判所において全部または一部が無効と判断される可能性はありますが、そうした例外的なケースを除き、基本的には有効となります。つまり、違約金の定めがある契約書にサインをした以上は、契約に違反した場合には、その違約金額を支払わなければならない可能性があるということです。そのため、違約金に関する定めを契約前に確認することが重要です。

違約金に関する定めを確認するうえでは、「どういった場合に違約金を支払うことになるのか」「その際の金額はいくらになるのか」「違約金に加えて別途損害賠償金を支払わなければならない内容になっているか」などを検討するのが重要です。「到底支払うことが難しい」「実際に支払うことになったら今後の事業運営に大きな影響が出る」など、自らでは受け入れられないと判断する場合には、「違約金の定めは受け入れることはできません」と相手にしっかり伝え、契約書からは削除してもらうことが重要です。違約金条項の削除の交渉を行ううえでは、「仮に私に契約違反があって、損害を与えた場合にはその実損害については賠償をしますが、違約金として実損害以上に何か金銭を支払う可能性がある内容は受け入れることはできません」などと交渉するとよいでしょう。

なお、違約金の話以外でも、フリーランス（個人事業主）の方にとっては、何らかの契約違反があった場合にそれにより生じた実損害額を賠償すること自体が難しいことも多いでしょう。特に、その損害額が高額になったような場合には、到底支払うことはできず、事業活動やそれを超えて自己破産の必要が生じるなど個人の人生にも大きな影響が生じかねません。

そのようなリスクを避けるためには、違約金の定めを削除してもらうのに加えて、損害賠償額の範囲を制限する規定を設けることが重要です。例えば、制限方法としては、図2－4のような記載パターンがあります。なお、リスクを想定しやすくおすすめなのは、①の損害賠償額の上限設定の方法です。

図2-4　賠償の範囲を制限する規定の例

以下の①～③の記載を複数組み合わせることも考えられます。
①【損害賠償額の上限を定めるパターン】
①－1
乙が負う損害賠償額は、本業務に関して乙が甲から受領した業務対価の金額を上限とする。
①－2
乙が負う損害賠償額は、過去1年間に乙が甲から受領した本契約に基づく業務対価の金額を上限とする。
①－3
乙が負う損害賠償額は、金○万円を上限とする。
②【賠償の範囲を通常損害・直接損害に限定するパターン】
乙は、故意又は過失がある場合に限り、本契約違反により甲に直接生じた通常の損害を賠償する責任を負う。
③【故意又は重過失がある場合に限定するパターン】
乙は、故意又は重過失がある場合に限り、本契約違反により甲に生じた損害を賠償する責任を負う。

予防策

違約金に関する定めは今後の活動の大きな妨げになるおそれもあるため要注意

契約書が提示された際には、まずは内容をしっかりよく読んで、理解することが重要です。もし理解できないところがあれば、ためらうことなく先方の担当者に聞きましょう。契約書の内容に理解できない部分があることは何ら恥ずかしいことではありませんし、本当は先方の担当者だってよくわかっていないことも多々あります。

他には、同業の知人・友人、ときには専門家に聞くことが考えられるでしょう。そのうえで、特に違約金や08で紹介した競合他社からの案件受注禁止など、目の前の業務だけではなく、今後の事業活動に多大な影響を与える可能性がある内容については、積極的に交渉を行い、合理的に受け入れ可能な内容に修正してもらうことが特に重要です。

前述の通り、違約金についてその内容や金額が著しく不合理であるような場合には、裁判などにおいて争えば全部または一部が無効と判断される可能性はあります。しかし、裁判を行うまで、違約金の定めが有効か無効かわからないという不安定な状態自体がトラブルの種です。事前に交渉して、契約書の修正や削除を求めることが望ましいでしょう。

ワンポイントアドバイス

違約金は「損害賠償額の予定としてのもの」と「損害賠償額に加えて違約金額も支払わないといけないもの」の2種類あります。後者は、契約書において「損害賠償とは別に違約金を支払うものとする」旨や「違約罰」などとして表現されていることがあります。もちろん後者の方が多額の金額を支払う可能性があるので、より慎重な検討が必要です。違約金や損害賠償額については、対応策に記載の通り慎重に検討し、受け入れ可能な内容にできるよう積極的に交渉を行うことが重要です。

10

著作権譲渡の記載がある契約書を提示された

関連項目 41、第9章

類似のケース

- 「著作権は買い取りでお願いします」と言われた
- 「著作者人格権は不行使でお願いします」と言われた

相談事例

著作権を譲渡するとどのような影響があるの!?

フリーランスのイラストレーターとして活動しているXさんは、ある文化財団Yからマスコットキャラクター「Yぞう」の制作依頼を受けました。その後、Yから提示された契約書には、「今回制作したマスコットキャラクター『Yぞう』に関する著作権はYに帰属するものとし、Yによる当該キャラクターの利用については、Xは著作者人格権を行使しないものとする」との記載がありました。

担当者のZさんからは、「Yぞうは、今後行政などともコラボレーションしたうえで町興しなど地域振興にも広く活用していきたい。また、知名度向上のため、その利用についてはWeb上でガイドラインを公開したうえで、当該ガイドラインに従えば、誰でも自由にキャラクターを利用できるようにしたいと考えている。よって、Yぞうに関する著作権の譲渡が前提となっており、この条件に同意いただけない場合には、今回の依頼をお願いすることは難しい」と説明がありました。

Xさんは、ぜひこの案件を受けたいと考えているものの、仮に著作権を譲渡した場合にはどのような影響があるのか不安に思っています。

対応策

著作権譲渡による影響や対価、人格権の取り扱いを検討する

著作権とは一言でいえば「私に無断で私の作品を利用するな」といえる権利です。仮にYぞうに関する著作権をYに譲渡すれば、Yは、「Yに無断でYぞうのキャラクターデザインを利用するな」といえることになります。これは創作者であるXさんに対しても同じです。

これらを踏まえて、著作権譲渡によって次の3つの影響が生じる可能性があります。これらが困る場合には、著作権譲渡に条件を付けることを検討しましょう。

> ①別途契約書などで取り決めを行わない限り、Xさんが自己の実績紹介としてYぞうのキャラクターデザインをＷｅｂ上で公開したり、チラシに印刷して配布したりする際にもYの許諾が必要になる
> ②今後、Xさんが他のクライアントからの案件を行うにあたりYぞうと類似のキャラクターデザインを創作することもできない可能性が高い
> ③著作権者は、別の者にその作品を自由に利用させることができるので、Yが別のQ社にYぞうの利用許諾を行い、気がついたらYではなくQ社がYぞうを利用している、ということもありえる

著作権譲渡をできないと判断した場合には、利用許諾（ライセンス契約：詳細は220ページ）を行うことになります。

今回のケースであれば、Xさんから Yに対して、Yぞうを利用してよい範囲をあらかじめ具体的に定めたうえで、その範囲であればYが自由に利用可能で、その範囲を超えて利用する場合には二次利用として、別途Xさんの事前の許諾や追加の対価の支払いを必要とする内容が考えられます。

著作権譲渡にあたっては、譲渡に見合う対価が得られるか（どのように対価が算定されるのか）も検討することが重要です。一般的には、著作権譲渡を提示される際の対価は、制作及び納品時に一定の金額が支払われるのみで、その後の利用の際に追加対価は発生しない、いわゆる買い切り形式も多いでしょう。

このような場合は、Yぞうがバズっても、追加対価を要求できる余地がありません。そのため、著作権譲渡の場合には、制作費用に加えて「今後当該キャラクターによりクライアントが得る収益の〇％」というようにロイヤリティ（印税）形式でも対価をもらえるようにしておくことも検討に値します。

著作権譲渡には、「著作者人格権を行使しないものとする」という内容（いわゆる「著作者人格権不行使特約」）が併せて定められることがあります。公表権、氏名表示権、同一性保持権の総称（場合によっては名誉声望保持権も含む）が著作者人格権といわれるものです（詳細は第9章）。

著作者人格権不行使ということは、今後、「その制作物が利用されるにあたり、自分の名前を記載（クレジット）してくれ」や「その制作物に改変を加えないでくれ」と要求することができなくなります。今回のケースだと、YやYが指定する第三者が、Yぞうを利用する際に「Xさんのクレジットを自由に決められる」「Yぞうに別の服装をさせたり、別のポーズをさせたりする」なども自由にできることになります。著作者人格権不行使の受け入れが難しい場合には、こうした条項自体の削除や、権利ごとに個別の定めを設けることも考えられます。例えば、氏名表示権だけは、「Xは、Y又はYが許諾する第三者がYぞうを利用する際に、Xの氏名などをXが指定する態様において表記するよう求めることができる」と定めておく、といったイメージです。

今回のYの発言を踏まえると、Yとして著作権譲渡を受けたいとする理由にも一定の合理性があるようにも思えます。しかし、仮に著作権譲渡を受け入れるとしても、これだけは遵守してもらいたいという条件などがないか検討のうえ、交渉することが重要でしょう。

予防策

契約書を丁寧に確認する

契約書が提示された際には、制作物の著作権に関する取り決めがどうなっているか、著作者人格権に関する取り決めはないかなど、権利に関する条文を探し出し、その内容を確認することが重要です。

著作権の取り扱いは、クリエイターが最も気にすべき条項の1つです。対応策に記載の内容を理解し、クライアントの要望や案件の性質、制作物の内容や対価など様々な要素を考慮して、当該案件について著作権譲渡を受け入れられるかどうか、何か付け加えてもらうべき条件はないかなど、丁寧に検討しましょう。

ワンポイントアドバイス

クライアントによっては、「著作権を持っていた方が色々と自由にできそう」「別の媒体に使用するのにいちいち許可をとりたくない」などという軽い思いから、とりあえず著作権譲渡を求めてきている場合もあります。一方、代理店を挟む場合には、代理店自身のクライアントとの関係から、代理店として著作権譲渡を求めざるを得ないというケースもあります。著作権譲渡を求める背景は様々なので、クライアントにヒアリングし、場合によっては、著作権譲渡ではなく適切な内容の利用許諾を提案するとよいでしょう。

11

権利侵害がないことを保証する記載がある契約書を提示された

関連項目 08、12

類似のケース

- 成果物が第三者の権利を侵害する場合に、全責任を負うという契約書を提示された
- 「成果物が第三者の権利を侵害していた場合、そのトラブル解決はクリエイターの費用と責任で行う」という契約書を提示された

相談事例

権利侵害がないことなんて保証できるの!?

フリーランスのデザイナーとして活動しているXさんは、飲食店を経営するY社から新たに出店を考えているパンナコッタ専門店「パンナコッタと私」のロゴ、包装資材、販促ツールの制作業務の依頼を受けました。

Y社から提示された業務委託契約書には、「Xは、本制作業務でXが制作する制作物が第三者の著作権、商標権などを侵害しないことを保証する」との内容が入っていました。

具体的には次のような内容です。

> 1．Xは本業務に関して、XがY社に対し納品した制作物やY社によるその利用が第三者の著作権、商標権、その他一切の権利を侵害するものでないこ

> とを保証する。
> 2. 前項の保証に反し、前項の制作物に関して、Y社と第三者との間で紛争が生じたときは、Xの費用と責任においてこれを解決し、Y社に一切の迷惑をかけない。

Xさんは、もちろん他人の著作権などを侵害するつもりはありませんが、自ら世界中のロゴやデザインを確認できるわけでもなく、第三者の権利を侵害するものでないことを保証することなどはできないと考えています。とはいえ、権利侵害がないことを保証しないということも無責任なような気もしており、どう対応すればよいのか悩んでいます。

対応策 現実的に保証できる内容になるよう交渉する

この「〇〇を保証する」というフレーズは契約書でよく見かけるワードです。「保証する」といった場合、通常はその保証した事項に関しては、結果責任を問われることになります。すなわち、保証した内容に反する結果が生じた場合、その結果が生じたこと自体に何らかの帰責性（故意や過失など責められるべき原因）がなくとも、責任追及される可能性があります。

「保証する」という文言は、それだけ重い責任を負うことになります。よって、デザイナーなど案件を受注する側としては、こうした保証に関する内容は「できることなら契約書から削除したい」もしくは「保証する内容を限定的にしたい」と思うでしょう。

一方、クライアント側からすると、納品されたデザインなどの制作物が第三者の著作権などを侵害する場合、その制作物を用いるクライアント側が、一次的には第三者から権利侵害に基づく差止請求や損害賠償請求などを受けることになります。例えば、著作権を侵害したとされるロゴを用いた看板や店舗掲示の撤去、販促物・包装資材の廃棄などです。

よって、クライアント側にとって、納品を受けた制作物が著作権など第三者の権利を侵害していないかについては重要な関心事なのです。クライアント側でも類似の既存デザインがないかなどを調査・検討することもありえますが、通常クライアント側はデザイン関係のプロなどではなく、またその制作過程などを把握しているわけでもありませんので、クライアント側での自衛手段はおのずと限界があります。そこで、制作物に関して、第三者の権利侵害がないことを、制作者であるデザイナー側に保証してもらい、万が一、そうした保証に反して、第三者との間で制作物に関する紛争などが生じた場合には、デザイナー側の費用と責任で解決してもらいたいと考えるのが自然な流れといえます。簡単に言えば、「あなたが制作したものなのだから、その制作物に問題がないことはあなたが保証してくださいね」ということを言いたいのです。

このように、権利侵害がないことを保証する条項には、双方に一定の合理的な理由があるため、当事者間の交渉力次第な部分もありますが、「Xは、制作物に関し、Xが知る限り第三者の権利を侵害していないことを保証する」といった内容や、「Xは制作物に関し、Xが知ることができる範囲において第三者の権利を侵害していないことを保証する」などと修正することがあります。

他にも、仮に制作にあたってクライアントが指示した内容があるのであれば、「Xは、制作物に関し、第三者の権利を侵害していないことを保証する。ただし、当該制作物の制作にあたり、Yから提供を受けた素材やYの指示した内容などに基づき発生した権利侵害はこの限りではない」などとすることもあります。

クライアント側の事情もあるため、保証に関する記載を全て削除することは難しいケースも多いですが、条文の修正を交渉するのが一案でしょう。

予防策 制作過程について目に見える形で残しておく

SNSが発達した現代においては、納品した制作物に関して、第三者から「パクりだ！」（類似している）などと指摘を受ける可能性はあり、制作物に関する権利侵害の有無に関し、何らかの保証をしている場合はもちろん、仮に保証しない場合であったとしても、トラブルの種になることは間違いないでしょう。よって、制作する制作物については、画像検索などを用いて、類似のデザインが存在しないかなどを調査することも重要です。

また、そうした場合に備えて、制作過程（そのデザインに至った着想やそのデザインに至るまでの過程、参考にした他のデザインなどがあればそのデザインなど）を目に見える形で残しておき、「パクりだ」などの主張に対して、適切に反論できるように準備しておくことも重要です。

ワンポイントアドバイス

著作権侵害については、仮に他人の著作物と同一または類似したものを制作してしまった場合でも、偶然に（他人の当該著作物に依拠せず）同一または類似のものができたという場合には、著作権侵害には該当しません。したがって、この意味でも制作過程を目に見える形で残しておくことは重要です。

12

法令のチェックまで責任を負う記載がある契約書を提示された

関連項目 09、11

類似のケース

- 「本件記事の内容が、関連する法令・ガイドラインなどに違反していないことを保証する」と記載がある契約書を提示された
- 「受託業務を遂行するにあたり、適用される全ての法令を遵守する」と記載がある契約書を提示された

相談事例

法令チェックまで私の責任なの!?

イラストレーターとして活動しているXさんは、Y社から、自社が運営するアフィリエイトサイトに掲載する複数の化粧品・健康食品その他の美容製品の効果効能をうたう漫画を毎月1本程度、執筆する業務を依頼されました。Y社から提示された業務委託契約書には、「制作した漫画の内容が薬機法その他の法令に違反しないことを保証する」という内容が入っていました。

Xさんは、もちろんそのような法令に違反する漫画を制作するつもりはありません。しかし、法の専門家でもなく、薬機法などの法令に違反しているかどうかは全く見当がつかないため、提示された内容の保証をすることは難しいと考えています。

対応策

保証できないことを伝え交渉する

11で詳しく解説している通り、「○○を保証する」というフレーズがある場合、保証した事項についてそれに反する結果が生じた場合には、Xさんの落ち度を問わず責任追及がなされる可能性があるといった重たい責任を負うことになります。また、漫画の内容が薬機法に違反するかどうか（いわゆる法令解釈）は、専門家でも判断がわかれることがある極めて専門的な内容です。

したがって、「法令違反の有無など専門外なことの判断はできず、法令違反がないことを保証することはできない。よって、契約書からその保証条項は削除してほしい」と伝えることがまず考えられます。本来、掲載する漫画の法令チェックなど専門外の事項については、クライアント側で対処すべきです。それをイラストレーター側に全て負担させることは不合理といえる場合も多いでしょう。しかし、Y社が、そうした法令チェックをXさん側が行う必要があると言い張るのであれば、弁護士による法令チェックなど、外注でかかるコストは、Y社が負担するよう交渉しましょう。

このようなスタンスでクライアント側と交渉をした結果、どうしても保証条項を削除できないなどといわれた場合には、「制作した記事の内容が薬機法その他の法令に違反していることが明らかとなった場合には、その対策について別途協議する」といった内容にし、少なくともイラストレーター側だけが責任を負わない形にすることが折衷案の1つとして、実務上ないわけではありません。

他の対策としては、Y社から事前に「漫画制作業務を行うにあたってのガイドライン」などを示してもらい、「そのガイドラインに従っている限り、仮に制作した漫画に関し薬機法その他の法令違反が存在していたとしてもイラストレーター側は責任を負わない」旨の内容に修正することも一つの手です。

また、そもそも「薬機法その他の法令」という書きぶり自体が、相当範囲が広い内容になっています。よって、少なくとも「その他の法令」という言葉は削除するよう求めることなども重要なポイントです。

受け入れられないと思われる内容については削除や修正を求めるという意識を持つことが、トラブル予防のためには何より重要です。

予防策

保証しなくてはいけない対象が何かをしっかり確認する

今回のケースもそうですが、契約書において合理的に考えれば、相手方が責任を負うべき内容についても、しれっとこちら側に責任を負わせる内容となっていることがあります。契約書を提示された際には、とにかくまずよく読んで、理解できないところや合理的でないところがあれば、相手方や場合によっては専門家に確認をしましょう。

ワンポイントアドバイス

今回の事例では、化粧品・健康食品その他の美容製品の紹介漫画ということで、薬機法（正式名「医薬品、医療機器等の品質、有効性及び安全性の確保等に関する法律」）が登場しましたが、他にも例えば投資に関する漫画などを制作する場合には、金商法（正式名「金融商品取引法」）に注意が必要です。制作物の内容ごとに留意すべき法令というものが存在する可能性がありますので、専門的な内容の場合には注意をしてみましょう。

契約書を渡されたときに意識すべき最も重要なこと

　渡された契約書は、絶対に読んでください。なぜこのような当たり前のことをあらためて記載するかというと、相手方から契約書が出てきた場合に、内容を十分に読まずに、あるいは、内容を理解せず、理解できない部分を残したままにサインしてしまったという事例が多いからです。その原因には、担当者からの「契約書はあくまで形式的なものなので、すぐにサインをお願いします」「みんなこの契約書でサインしてもらっています」「一度、持ち帰って読むほどではないですよ」「既に案件がスタートしているので、急ぎ契約書にサインしてもらう必要があります」などの言葉に流されてしまったということもあるでしょう。

　中には、「もし契約書にあまりにひどいことが書かれていた場合であっても、きっとあとから何とかなるだろう」と安易に考える方もいますが、いくら不利な内容であったとしても、フリーランスなど一事業主としてクライアントと交わした契約書の内容を後から無効（なかったことにする）にすることは、おそらく皆さんが考えているほど簡単なことではありません。

　そのため、契約書は必ず読んで理解して、理解できないところがあったらクライアントに聞いて、そして困るところがあれば直してもらう、ということを意識してください。契約書に関するトラブルは事前に契約書を読んでさえいれば、簡単に防げたはずというものも少なくありません。契約書によるトラブルを防ぐためには、まず第一に「契約書は絶対に読む」。これをまずは意識しましょう。

　そして、契約書についてわからない点があれば、専門家に相談するという選択肢があることも忘れずに。

13

契約書に修正したい箇所があるが、締結期限が差し迫っている

関連項目 14、15

類似のケース

- 契約書の内容を見ずにサインをした
- 「契約書の修正には時間がかかるので、修正なしでお願いしたいが、条件はメールで合意した通りでお願いします」と言われた

相談事例

契約書の締結期限は守らないといけないの⁉

フリーのデザイナーであるXさんは、映像制作会社であるY社から動画内で使用する素材制作を今後継続的に発注したいと依頼を受けました。Y社からは「取引を開始するにあたり、まずは業務委託基本契約書を締結し、その後はこの契約書に従って個別に発注をしていきたい」旨を伝えられ、具体的な契約書が送られてきました。

Xさんが契約書に目を通したところ、自分にとって不利な内容があったり、意味がわからない内容があったりして、このまま契約書にサインするのはまずい気がしました。しかし、Y社からは「早く発注したいので、明後日には締結したい」と伝えられており、専門家に相談する余裕もない状況です。

Xさんは、「相手のY社は大きな会社なので、おそら

く変な内容ではないだろう」と思い、契約書にそのままサインをしようと思っています。

対応策

内容がわからない契約書にはサインをしない

まず、Y社がいう契約締結期限までに契約を締結しないといけない、ということはありません。理解できない内容や納得できない内容があれば、時間がかかっても大丈夫なので、きちんと内容がわかるまで読んで理解し、場合によっては、修正・交渉をしましょう。

なお、契約書が締結できない場合に「全くルールがない状態で取引が行われるのか」というと、そういうわけではなく、民法という法律が定めたルールに則って取引は行われます。言い方を換えれば、契約は民法という標準的なルールを上書きするものということです。

相手方から出てきた契約書は、通常は相手方の法務部や顧問弁護士が作った相手方に有利な内容の契約書になっています。そのため、何も考えずにクライアントのひな型で締結してしまうと、民法という標準的なルールに基づいてある程度公平だったものが、自ら不利な内容を締結しにいってしまったということにもなりかねません。

このような事態を防ぐためにも、「①契約書はきちんと内容がわかるまで読んで理解し、場合によっては、修正・交渉する」「②内容がわからない契約書にはサインをしない」姿勢が重要です。

予防策

契約書に関する知識を身につけよう

今回のケースでは、Xさんに契約書の知識があれば、明後日が期限であっても速やかに対応できたかもしれません。また、専門家に相談する時間的余裕がある場合でも、専門家への相談は一定の費用がかかりますので、毎回、契約書の相談をしていたのでは、コスト割れすることもあるでしょう。そのため、自ら契約書の知識を身につけることが重要です。

契約書の読み方や修正方法は、それぞれの箇所（契約書の読み方：147、155ページ、修正方法：14）を参照してください。ここでは、契約書に対する心の持ちようについて、3点ほど解説します。

①クライアントの甘言に惑わされない

契約を急いでいるクライアントから、「この契約書は形式的なもので、実際の条件はメールでやりとりした通りだから、ひとまずサインだけしてもらえれば」などと言われることもあります。しかし、これは必ずしも正しいとは限りません。契約書として双方がサインしたものが存在する場合、いざトラブルになった際には、その契約書の内容が全ての出発点になります。その際に、「あくまで形式的なものだと思ってサインしたんです！」と言っても、よほど例外的な場合でない限り、そのような主張は通りません。あくまで事業者同士が、契約書という形式で合意をした以上は、「実はこの契約書は読まずに（内容を理解せずに）サインしちゃったので、なかったことにしてください」はおよそ通用しません。メールのやりとりでも契約は成立しますが、「メールは担当者が勝手に送ったものであり、会社として承認したわけではない。会社としては、あくまで契約書が正だと理解している」などと言われると、なかなか反論には骨が折れるものです。契約書にサインをする以上は、きちんと内容を読んで理解する、という気持ちを持ちましょう。

②知ったかぶりは厳禁

契約書は、耳慣れない日本語で記載されていることもあり、よくわからない部分があることも多いでしょう。しかし、まず最初に押さえてほしいことは、契約書の記載内容がわからないということは全く恥ずかしいことではない、ということです。そもそも世の中に出回っている契約書には、誰が見ても（専門家が見ても）意味がわからないものが普通に存在しています。また、契約書を提示してくるクライアントの担当者も、実は契約書に書いてある内容がよくわかっていないことも多いです。その結果、できるだけ契約交渉をしなくて済むよう、「この契約書は形式的なもので、実際の条件はメールでやりとりした通りだから」と言っている可能性もあります。

そもそも、契約書の重要なポイントの1つは「誰が読んでも、明確に1つの意味にとれる文章になっているか」です。「読んで意味がわからないものは契約書の文章の方に問題があるんだ！」くらいの気持ちで、わからない部分は積極的に聞くようにしましょう。

③大きな企業であっても要注意

対応策でも述べた通り、相手方から出てきた契約書は、相手方がきちんとした法務機能を備えている会社であればあるほど、通常は相手方の法務部や顧問弁護士が作った相手方に有利な内容の契約書になっています。「大企業の契約書だから、変なことは書いていないだろう」ではなく、「ちゃんとした会社から出てくる契約書だからこそ注意しよう」という気持ちを持ちましょう。本節では、特に油断してしまう方が多いので、「大きな企業」とあえて述べていますが、どのような場合であっても、契約書の内容を注意深く確認することが重要です。

ワンポイントアドバイス

対応策の中で、「契約締結期限までに契約を締結しないといけないことはなく、時間がかかっても大丈夫」と記載しましたが、契約書を締結することなく案件を進めることは望ましいことではありません。このような場合は、最低限の条件（業務範囲・報酬またはその決め方など）だけメールなどで合意したうえで案件を開始し、契約書は並行して確認のうえ、追って締結するというパターンが有用です。

14

契約書に修正したい箇所があるが、交渉して問題ないか不安

関連項目 13、15

類似のケース

- 契約書に修正したい箇所があるが、修正の仕方がわからない
- 契約書を修正したが、ちゃんとした表現になっているか不安

相談事例

契約書の修正交渉ってどうしたらいいの!?

フリーのデザイナーとして活動しているXさんは、ITベンチャー企業であるY社から、継続的にパートナーとして発注していきたいとの依頼を受け、具体的な契約書が電子契約サービスで送られてきました。

締結前にXさんが契約書に目を通したところ、自分にとって不利と思われる内容が見つかりました。このまま契約書を締結するのはまずい気がしていますが、Xさんは、これまできちんとした契約書を作ったことがなかったことから、契約書の修正のやり方というのが全くわかっていません。「既に電子契約サービスで送られてきているから、今さら契約書の修正依頼をすると、関係性を悪くするのかも」と悩んでいます。

対応策

きちんと修正をしよう

契約書の内容について、修正交渉をすることは一般的なビジネス上の行為であり、修正を申し出ることに躊躇する必要はありません。ここでは、契約書の修正のやり方を「①修正したい部分のピックアップ」「②具体的な修正作業」の2段階に分けて解説します。

①修正したい部分のピックアップ

契約書のうち、修正したい部分（修正すべき部分）とは、簡単にいえば、そのままでは自分にとってリスクが大きいと思われる部分です。リスクの大きさはなかなか経験がないうちは正確に捉えるのは難しいものですが、「この条件だと、どんな問題が起こりうるか」「起こるとしたらどの程度の確率か」「起きたときの影響度合い（将来の事業への影響を含む）はどの程度か」といったことを、想像力を働かせながら検討することが重要です。

そして、リスクが大きいと思われる順に、「絶対に修正してもらわないと困る部分（修正されないならデメリットがメリットを上回り、案件を辞退する判断をせざるを得ない部分）」「できれば修正してもらいたい部分（修正されないのであれば案件自体を受けないとまではいかないが、色々と注意が必要になると思われる部分）」「修正してほしい部分ではあるが、時間がかかったり、関係性が悪くなったりするくらいなら受け入れの判断もありえると思われる部分」など、その後の交渉を見据えて、優先順位をつけることも重要です。

②具体的な修正作業

修正してほしい部分がピックアップできたら、次は修正作業に入ります。クライアントに修正してもらう場合には、修正要望をできるだけ詳しく、その理由と共に伝えるようにしましょう。自分で修正する場合には、次の

2点に注意して修正をしましょう。

①元の文章とどこがどう変わったかをわかるように修正し、修正理由もコメントする

契約書の修正のお作法に、「修正部分がわかるように修正する」というものがあります。Wordであれば変更履歴の記録を行う、Googleドキュメントであれば、提案モードで修正するといった方法です。この修正の際には、なぜそのような修正をしたのかの理由をコメントとして記載するのが通常です。修正と合わせてコメントも忘れないようにしましょう。

こうして修正希望を伝えられたクライアントは、変更履歴・提案を見て、修正案を受け入れられるかを検討し、受け入れられないと判断した場合には原案に戻したり、折衷的な記載に修正してみたりし、戻してくることになるのが通常です（この場合も変更履歴の記録・提案モードで行われるのが通常です）。契約交渉では、こうしたやりとりが契約書の文言が確定するまで繰り返されます。

たまに、契約書の修正希望を提示したところ、「この条件で無理なら案件はなかったことにします」と、すぐさま契約の打ち切りをほのめかすクライアントもいます。画一的な条件が大事な契約などもありますが、契約書の修正は、一般的なビジネス上の行為です。そのような行為を嫌うクライアントは、どこかでトラブルになる可能性が高い危険なクライアントということもあるかもしれません。

②希望する修正内容は、誰が読んでも意味がわかる内容で記載する

契約書の文章を修正するとなると、契約書特有の難しい言葉（「甲」「乙」「責めに帰すべき事由」「契約不適合責任」など）を使わないといけないと思っている方もいますが、決してそんなことはありません。契約書っぽい言葉を使って意味がわかりにくくなるくらいであれば、むしろ誰が読

んでも意味が明確にわかるような平易な文章で書くことの方がはるかに重要です。あまり気負いすぎることなく修正してみましょう。

予防策 ひな型を提案してみよう

契約交渉というのは、自らのひな型を利用できる方が有利なことが多いです。内容的な面ももちろんですが、契約書の確認・修正作業を毎回する必要がなくなるため、時間的なメリットなどもありますし、契約書の確認・修正作業を専門家に依頼している場合には、経済的なメリットもあります。

最初にひな型を作るのは確かに手間ではありますが、中長期でみるとメリットもあるため、継続的にクライアントを獲得できるようになったタイミングなどで、契約書のひな型を作成することも検討してみましょう。

なお、インターネットなどで見つけたひな型をそのまま使いたい方もいるかもしれません。しかし、ひな型にはクリエイター側に有利、クライアント側に有利、比較的中立的なものなどの種類があります。また、全体的にはクリエイター側には有利であるが、ある特定の条文だけは、クリエイター側が非常に不利になっていることもあります。わざわざ自ら自分にとって不利な契約書を相手方に提示することがないよう、ひな型を作成する際には、きちんと内容を確認し、理解しておきましょう。

ワンポイントアドバイス

契約書の修正を弁護士などに依頼することも、もちろん考えられます。しかし、相手方から契約書が提示されるたびに弁護士に相談していては、コストがかかります。契約書のどこにトラブルの種が潜んでいて、どういうリスクが考えられるのかについては、本書にも多分にヒントが詰まっていますので、ぜひ他の節も読んで勉強してみましょう。

15

契約書の修正を依頼したら「弊社はこの条件でやってもらっている」と言われた

関連項目 13、14

類似のケース

- 契約書の修正を依頼したら「このようなことを言ってきたのはあなたが初めてだ」と言われた
- 契約書の修正を依頼したら「この内容で他の人と問題になったことはないので、このままでお願いします」と言われた

相談事例

契約書の修正を拒否されたらどうすればいいの!?

デザイナーのXさんは、新たにデザインに関するコンサルティング契約を締結することになったY社から業務委託契約書の締結を依頼されました。すると、その業務内容や対価の計算方法、著作権などの帰属について変更をしたい箇所があったため、具体的な修正案と共に、Y社に戻しました。

しかし、一部の変更は認められたものの、その多くについて「弊社はどのデザイナーともこの条件でやっているため変更には応じられない」「この条件でトラブルなどにはなったことがないから安心してほしい」などと言われました。

Xさんは、このような説明では納得できず、どう回答すればよいか悩んでいます。

対応策

修正したい理由を具体的に伝える

契約書の修正を依頼した際に、クライアントから具体的な修正拒否の理由は告げられず、また、理屈が通っていない理由を告げられることは、よくあることです。そもそも契約とは、目の前の具体的な取引相手との条件を話し合うものであり、相手の事情や案件の性質、取引の内容などに応じて、柔軟に変更されるべきものです。しかし、その話し合いが面倒くさかったり、クライアントの担当者も内容がよくわかっておらず、適当に返事をしているという場面が散見されます。

よって、どうしてその点を変更してほしいのか（それが変更されないとどう困るのか）、具体的に理由を根気よく伝えれば、ある程度は修正に応じてもらえる場合も少なくないでしょう。一度、断られると諦めてしまう場合もありますが、大事な点であればあるほど、本当に全く交渉の余地がないのか、二度三度と粘り強く対応することも重要です。ただ、相手方によっては、それが合理的な理由であろうとなかろうと「絶対に変更できない」と言われる場合もあります。その際には、その条件のまま受け入れる、あるいは、その条件であれば契約自体を取りやめるなどの判断が必要になるでしょう。

また、こうした交渉の結果、「修正内容自体は了解したが、契約書の文言だけはどうしても社内事情で変えられない」などと言われることもあります。全く理屈が通っていないのですが、こういう回答をしてくる会社は珍しくありません。その場合、最低でも、こちらが伝えた修正内容で構わないとの合意があったことがあとからわかる形（メールのやりとりや議事録など）で残しておくことが重要です（ただし、この場合でも契約書本体に、図2-5のように、契約書外での合意は無効などと書かれていたら意味がないので、その点は注意が必要です）。

図2-5　契約書外での合意が無効となる条項の例

コンサルティング業務委託契約書

X（以下「甲」という）とY株式会社（以下「乙」という）とは、乙が甲に対し委託するコンサルティングに関する業務につき、以下のとおり契約（以下「本契約」という）を締結する。

第1条（業務内容）
（省略）
・
・
・
第○条（完全合意条項）
本契約は、本契約締結時における甲乙の合意の全てであり、本契約締結以前における甲乙間の明示又は黙示の合意、やりとり、各種資料等は、効力を有しない。
・
・
・
第○条（専属的合意管轄）
（以下省略）

なお、このような対応をした場合、契約書とメールのやりとり等が矛盾するので、どちらが優先されるかは裁判にならないと最終的には確定しません。しかし、このようなメールのやりとり等が残っていなければ、そもそも交渉のしようがなくなるので、最低限、残しておくのがおすすめです。

予防策

契約交渉にひるまない

契約の修正依頼を出した際に、具体的な理由と共に断られた場合であれば、その理由が納得できるものかどうかをその理由を踏まえて検討し、「それであればこういう修正にしていただけないでしょうか？」など、次の交渉に進むことができます。

しかし、抽象的だったり理屈になっていなかったりする理由と共に、契約書の修正が断られるケースもあります。例えば、契約交渉のサポートをしているとよく聞くフレーズに次のようなものがあります。

- こんな修正依頼を出してきた人はあなたが初めてだ
- 法務がうるさくて変えられない
- 契約書の文言は変えられないが、悪いようにはしない。私（担当者）を信頼してほしい

このようなことを言われると、契約交渉に慣れていないと、「こんなことを言っているのは私だけなのか」「担当者が悪いようにはしないと言っているし……」などと思うかもしれませんが、そのように委縮する必要は全くありません。ビジネスの世界で契約交渉をすることは一般的であり、契約の修正依頼をすることは全くおかしいことではなく、むしろ普通です。

また、たとえ担当者がいくら信頼できたとしても、仮にその契約が問題になったときには担当者は既に退社をしていて、あとに残るのは契約書だけなんてこともよくあります。最終的には契約書にどう書かれてあるかが全てだと認識し、自分の受け入れられる条件になるまで粘り強く交渉を続けましょう。

ワンポイントアドバイス

相手方によっては、契約書の修正依頼を出したら、「そんな面倒くさいことを言うのであれば、契約しません」と言ってくることがあります。しかし、契約書の修正要望を、それも具体的な理由と共に告げただけで、契約をしないと言うような相手方は、経験上、トラブルになるリスクが高いです。契約交渉は、大変な作業ですが、それを通じ、相手方の性質や人柄などがわかったりもするので、トラブルなどのリスクがある相手方ではないかをスクリーニングする気持ちで頑張りましょう。

法律と契約書の関係

労働法や消費者契約法など、契約によっても変えることができないルールも一部存在しますが、契約書で合意した内容は、原則として法律のルールを上書きする機能をもちます。

逆にいうと、契約書などがなく、契約の存在が確認できない場合は、民法などの法律によるルールに則って取引が行われることとなります。この観点から、ここでは2つの留意点を解説します。

①「契約書を締結しない」という選択肢もある

自分にとって不利な契約書や内容がよくわからない契約書であれば、あえて締結しないという手もあります。というのも、契約書などを締結せず、契約の存在が確認できなければ、民法などの比較的公平と思われるルールが適用されるのに、契約書を締結したばっかりに、不利な条件の取引になってしまった、ということもあるためです。もちろん、契約書の内容を理解して、必要な契約交渉を行うという対応が理想的ではありますが、そのようなコストをかける余裕などがない場合には、契約書などは締結せず、最低限必要な事項（業務内容・納期・報酬額・支払時期）だけをメールなどで確認し、受注するというのも一案でしょう。

②法律には頼りすぎない

民法などのルールがあるとはいえ、法律は、基本的にどのような案件にも適用できるよう抽象的な記載となっています。例えば、クリエイティブ案件に特有の問題について、法律のルールだけでは具体的な解決方法まではわからないこともあります。

そのため、やはりトラブルになりそうな要素は、事前に契約書などのあとから見返せる形で詳細まで確認・合意することが重要です。ぜひ本書などでポイントを勉強するようにしましょう。

第3章

制作中のトラブルの火種

16

何度も何度もやり直しをさせられている

関連項目 32

類似のケース

- 納期が延びて案件が終了しない
- 納品完了後に修正を求められている

相談事例

いつまで修正対応しないといけないの!?

イラストレーターのXさんは、普段からSNSで、クマのイラストを制作して発信していました。ある日、衣料品メーカーY社から「Y社が新商品として企画しているTシャツにワンポイントであしらうため、クマのイラスト制作を依頼したい」と問い合わせがありました。

Y社からの問い合わせには「普段からSNSを拝見しており、Xさんのイラストのファンで、ぜひXさんにお願いしたいと思いご連絡しました。性別・年齢問わず着用できるようなTシャツにしたいので、かわいらしいけどもかわいらしすぎないイラストの制作をお願いできればと思っています」とありました。Xさんは、自分のファンということもあり、受注することとしました。

XさんとY社は、発注書のやりとりを行い、「①クマのイラスト制作1点」「②制作費用5万円（消費税別）」「③納期は別途Y社が指示した日時」という条件で合意しました。2週間後、Xさんはラフ案を3案提出しました。Y社からは、「2番目の案がかわいらしくていい。その案をベースに制作してほしい」と連絡がありました。2週間後、Xさんは2番目の案をベースに納品物を制作し、提出しました。しかし、Y社から「社内でかわいすぎるという意見が出たので、もう少し修正をお願いしたい」と連絡がありました。

Xさんは、この連絡を受けて、修正を行い再度提出しました。すると、Y社から「社長に報告したところ、1番目の案の方がよかったという話になった。1番目の案で改めて制作してもらえないか?」と連絡がありました。「2番目の案で進めることになり、一度修正も行ったあとに、今さら別の案を指定するなんて……」と思いましたが、「納期はY社が指定する日時となっており、Y社が納品として認めない以上は、要望に応じ続けなければいけないのかな?」とXさんは迷っています。

対応策

業務が完了した前提で交渉してみる

度重なる修正をさせられない、または、やり直しするとしても別途の有償対応とするためには、まず、受注した作業が完了しているかどうかがポイントとなります。今回の件でいうと、受注した作業は「クマのイラスト制作1点」ですが、仮にクマのイラストを1点制作し納品が完了したといえるのであれば、受注した作業は完了しているため、それ以上の修正には応じる義務はないと判断できるでしょう。ありえないでしょうが、例えば、間違ってネコのイラストを制作・納品していた場合などは受注した作業が完了しているとはいえません。

今回のケースでのポイントは、「納期は別途Y社が指示した日時と定められているので、いつどの作業が完了したら納品が完了したといえるのか、納品までに何回修正に応じる必要があるのかなど、曖昧な状況である」という点です。そのため、修正に応じる義務があると判断されるおそれがあります。もっとも、今回の件では、2番目の案で制作合意がなされ、さらに一度、修正依頼に応じて提出が完了している以上、この時点で納品が完了したと評価できる可能性もあります。

このように曖昧な状況なので、対応策としては、「受注した作業はひとまず完了し納品しているため、1番目の案への変更や、さらなる修正依頼をいただく場合には、別途、費用を頂戴します」と交渉してみることが1つ考えられるでしょう。

☑予防策

納品までの作業工程を合意しておく

度重なる修正を防ぐには、受注時に、納品までの作業工程をきちんと確認しておくことが重要です。例えば、いつデザイン案を提出するのか、デザイン案提出後から納品時まで何回修正を受け付けるのか、といった制作スケジュールをきちんと合意しておくのです。また併せて、所定の修正回数を超えた場合には、別途費用が必要である旨を見積書などに記載しておくことも重要です（図3－1）。

こうすることにより、合意した回数を超える修正は別途、有償対応となることが交渉しやすくなりますし、スケジュール通りに作業を行えば受注した作業が完了したということが客観的にわかりやすくなります。

なお、次回以降の受注を見据えて合意した回数以上の

図3-1　見積書の例

No.	項目	数量	単価	金額
1	デザイン制作	1	500,000	500,000
			合計	500,000

4月5日までにデザイン案を3案提案させていただきますので、4月20日までに、どのデザイン案で進行するかを決定のうえ、お知らせください。お見積もり内容は、デザイン案決定から納品までの段階において、修正2回までの対応が前提となります。こちらの回数を超える修正及び納品後の修正は、別途費用が発生しますのでご注意ください。

修正をサービスで行う分には問題ありませんが、その場合も「今回はサービスで無償で対応している」ということを伝えておくのがよいでしょう。

ワンポイントアドバイス

Ｗｅｂサイトの制作の場合は、納品後に不具合が発覚することもあると思うので、納品後の修正対応（無償で修正対応する事象と有償対応とする事象の区別など）についても合意しておくのが特に望ましいでしょう。また、Ｗｅｂサイトの制作の場合は、納品後の運用・保守業務を誰が行うかについて、クライアントと齟齬が生じやすい事項でもあるので、その点もきちんと合意しておくことがおすすめです。

17

ストックサイトの素材を使おうと思っているが問題ないか不安

関連項目 45

類似のケース

- フリー素材サイトから素材をダウンロードして、作品制作を行った
- ストックサイトのルールに従って素材を使用していたところ、第三者から著作権侵害の通知がきた

相談事例

ストックサイトの素材はどこまで自由に使っていいの!?

動画クリエイターのXさんは、マーケティングオートメーションツールを展開するY社から、自社サービスの広告映像制作の依頼を受けました。Xさんは広告映像を制作するうえで、動画内で使用する写真や図、イラストなどの素材について、自身が登録しているストックサイトから何点かピックアップしました。納品直前の段階になったある日、知人のクリエイター数名と「ストックサイトは便利だけど、商用利用は禁止されていたりするから面倒だ」という話になりました。

Xさんは「今回Y社の案件で制作している広告映像もストックサイトの素材を何点か使用しているが問題ないだろうか?」と急に不安になりました。そこで、インターネットで「ストックサイト　商用利用　ルール」な

どと調べてみましたが、色々な情報が出てきてよくわからず、どうしたらよいか悩んでいます。

対応策

利用規約などサイトごとの使用上のルールを確認する

一口に写真やイラスト素材などを提供しているストックサイトといっても、その種類は数多くあります。そして、ストックサイトは、通常それぞれのサイトごとに利用規約やガイドラインなど、提供する素材を利用するためのルールが定められています。したがって、まずは自身が利用しているストックサイトのWebサイトなどに掲載されている利用規約などを確認し、いかなる利用が許容されているのかを把握する必要があります。具体的には例えば、次の観点から確認しましょう。

- 商用利用はできるのか。また、ここでいう商用利用の意味・範囲は何か？
- 他の制作物に素材として利用することはできるのか？
- 加工や編集などは自由にできるのか？
- そのストックサイトに登録していない第三者（冒頭の例ではY社）にその素材を使わせることができるのか？

ルールを確認してもよくわからない部分は、サイトの運営者に問い合わせるなどして明確にすることが重要です。そして、ストックサイトのルール上、何らかの制約があるのであれば、その制約内容についてもY社に伝えておくことが重要です。

例えば、XさんとY社との契約で、今回制作した広告映像はその素材も含めて全ての著作権を譲渡することになっていたとしても、ストックサイトの素材の著作権は通常ストックサイト側に残ったままです。よって、

Y社に譲渡をすることはできないはずであり、そのままだと契約違反になってしまいます。そのため、そのような場合は、「素材の一部について著作権譲渡できない部分があるが問題ないか」を事前にY社に確認し、了承を得ておくのが重要となってくるのです。

予防策 ストックサイトを利用できる案件かを確認する

対応策に記載したように、今回制作した広告映像が、その素材も含めて全ての著作権を譲渡することになっている場合には、そもそもストックサイトを利用できず、素材から自前で制作する必要があるでしょう。この場合、契約締結前であれば、素材の制作費も上乗せして請求できるので、契約締結前にストックサイトを利用できる案件かについて確認しておきましょう。

ワンポイントアドバイス

ストックサイトに掲載されている素材の権利関係に問題がないかについて、ストックサイト側がどこまで保証しているのかをしっかり確認しておくことも重要です。例えば、今回のケースにおいて、ストックサイト側が「掲載素材について著作権等の第三者の権利を侵害していないこと」を保証していない場合は、著作権侵害の素材を利用した広告映像のY社による利用について、第三者との間で著作権侵害等の問題が生じた際は、Xさんが最終的な責任を負うことになる可能性が高いので注意が必要です。

column

「フリー素材」の意味

ストックサイトや各種素材サイトの中には、掲載されている素材が「フリー素材」であるとうたっているものもあるかと思いますが、このフリーの意味については非常に多義的ですので注意が必要です。以下、「フリー素材」の意味の種類をいくつかご紹介します。

・「著作権法上の制約がない」という意味

素材の内容によっては著作権が存在していないという場合（221ページ参照）、あるいは、著作者の死後、一定の年月が経過しており、既に著作権が消滅している（著作権の保護期間が満了している）場合（226ページ参照）が存在し、これらの場合に「フリー素材」といわれることがあります。

例えば、国立国会図書館が提供している「NDLイメージバンク」では、2024年1月現在で著作権保護期間が満了した画像8、500点以上が掲載されています。

・「著作権は存在するが、一定の範囲であれば自由に無料で利用してよい」という意味

世の中で提供されているフリー素材の多くはこのパターンであることが多いと思います。その中でも、権利者自ら著作権放棄などを表明しており無制限に利用してよいという場合や、権利者または素材提供者側が定める一定のルール（利用規約など）の範囲内であれば自由に利用してよいという場合など、いくつかのパターンがあります。

通常、ストックサイト・素材サイトと呼ばれるものの多くはこの後者の場合であると思われ、その利用条件としては、次のようなパターンがあります（あくまで一例です）。

i　無料で自由に利用可能（制限なし）

ii　無料で利用可能。ただし、商用利用は不可

iii　素材ごとに〇点まで無料で利用可能。それ以上の利用の場合は別途使用料の支払いが必要

以上のとおり、一口に「フリー素材」といっても様々な意味があるので、注意しましょう。

18

先方都合でスケジュールに遅延が生じた

関連項目 26

類似のケース

- クライアントから確認依頼の戻しがこない
- クライアントのレスポンスが非常に遅い

相談事例

スケジュールの遅延は誰のせい!?

フリーランスのWebデザイナーであるXさんは、Y社から、Y社のコーポレートサイトの制作を請け負いました。請け負うにあたっては、案件開始前にWebサイト制作に関する業務委託契約書を締結し、業務内容、成果物、納期、報酬額を定めました。

当初は制作も順調に進んでいましたが、繁忙期と重なってしまったのか、Y社担当者のZさんの動きが次第に遅くなり、徐々に事前に想定していたスケジュールに遅延が生じてきました。なお、契約書では、納期は定めたものの、制作スケジュールに関する合意までは明確に行っていませんでした。

Xさんは、このままでは納期に間に合うか不安になってきており、どう対応すればよいのか悩んでいます。

対応策
クライアントにスケジュールや役割分担の責任を負わせる

納期を合意している以上、相手の都合によりスケジュールに遅延が生じていると思われる場合でも、納期までに終了すべき業務や成果物の納品が間に合わなければ、クリエイター側の責任となる可能性があります。そのため、まずはWebサイトの完成のためには、「Zさんの協力が必要不可欠であり、協力いただきたい」ということをお伝えして急かすことが一番です。場合によっては、複数回連絡してみましょう。

そのうえで、納期に本当に間に合わない見込みが出てきたということであれば、その時点以降の制作スケジュール及びそれぞれの役割分担と、スケジュール通りに作業が行われなかった場合は納期に責任を負えないことをお互いで合意することが重要です(図3-2)。

図3-2　スケジュール・役割分担表の例

今後の制作スケジュールについて

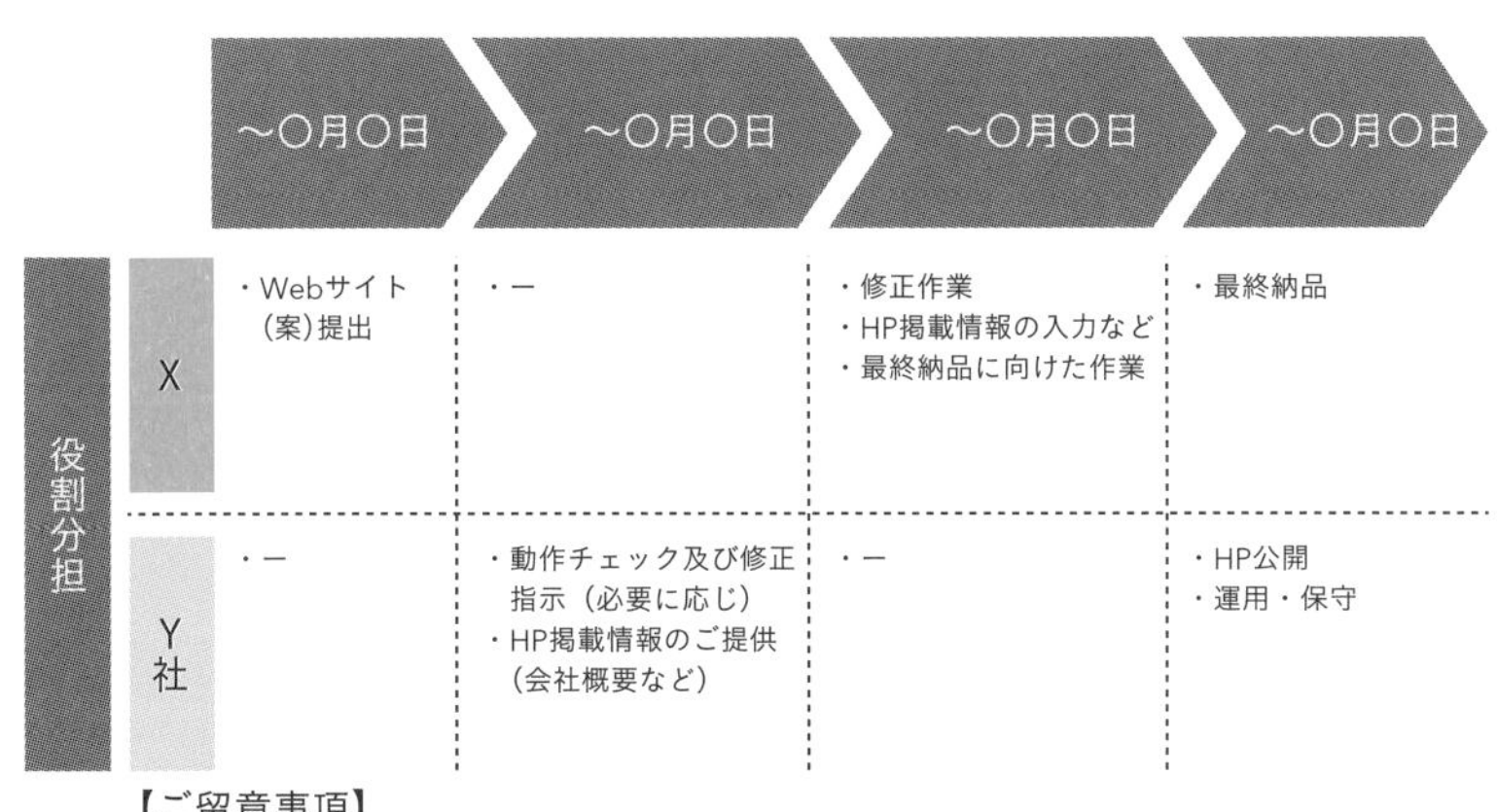

役割分担	〜○月○日	〜○月○日	〜○月○日	〜○月○日
X	・Webサイト(案)提出	・ー	・修正作業 ・HP掲載情報の入力など ・最終納品に向けた作業	・最終納品
Y社	・ー	・動作チェック及び修正指示(必要に応じ) ・HP掲載情報のご提供(会社概要など)	・ー	・HP公開 ・運用・保守

【ご留意事項】

➤ 貴社の分担作業に遅れが生じた場合、○月○日に納品ができない可能性があります。
➤ 上記事情による納品の遅れに関して、Xは責任を負いません。
➤ 納品が遅れることにより、Xに追加工数・追加実費が生じる場合には、追加で費用をご請求させていただく場合がございます。

このような合意ができれば、先方がスケジュールを守らなかったことにより納期に間に合わなかったとしても、クリエイター側が責任を負うことを回避できます。

なお、一部作業を外注している場合や、アシスタントなどを雇っている場合には、追加で実費が発生する可能性も考えられ、図3−2にはその実費もカバーできる文言も一例として記載しています。

予防策 案件開始前にスケジュールまで明確に合意するのがおすすめ

案件開始前に、納期だけでなく制作スケジュール及びそれぞれの役割分担まで決めておくことが重要です。通常、具体的なスケジュールまで合意しておくことは必ずしも多くないと思われますが、クリエイターの方の場合は、クリエイティブチェックや先方からの資料提供など、先方の協力が案件遂行に関し重要なことが多いです。よって、制作スケジュールや役割分担まで明確に合意しておくことをおすすめします。クライアントによっては、制作業務を委託した以上、あとは丸投げで成果物が完成すると思っている場合もあったりするので、注意が必要です。

図3−3のように、制作スケジュールや役割分担を合意する方法として、契約書にテキストで記載するパターンがあります。一方、契約書上は「制作スケジュールや甲乙の役割分担は、甲乙協議のうえ別途定める」とだけ記載しておいて、別途合意する（イメージ図などで準備し、メールで承諾をもらうなど）というパターンでも問題ありません。

特にデザイナーなどに初めて制作業務を委託するクライアントの場合には、具体的に制作業務がどのように進んでいくのかイメージを持てていない方もいるかもしれません。こうしたクライアントには、より丁寧に制作スケジュールや役割分担を伝え、明確に合意しておくことが重要といえるでしょう。

図3-3　契約書の条項例

第○条（役割分担・スケジュール）
本件業務を遂行するにあたり必要となる甲乙各自の作業内容や具体的なスケジュール等については、別途、甲乙間の協議に基づき作成される見積書又は仕様書において定められるものとする。
甲及び乙は、前項において定められた各自の実施すべき作業を遅延し、又は、適切に実施しない場合、それにより相手方に生じた損害の賠償や、工数増加に基づく委託料の増額を含め、当該遅延又は不実施について相手方に対して責任を負う。

ワンポイントアドバイス

本文で記載したWeb制作のほか、動画制作など作業工程が多かったり関与者が多いコンテンツ制作のケースについてもスケジュールと役割分担につき明確に認識合わせをした方がよいといえるでしょう。一方、デザイン業務やイラスト制作などの場合は、スケジュールと役割分担の合意ももちろんですが、納品前後の修正回数などでトラブルになることも多い印象ですので、そちらも合わせて注意しましょう。

19

予定外の追加の作業を要求された

関連項目 16、32

類似のケース

- 想定外の修正作業を要求された
- 単に制作するだけの予定がディレクション業務まで要求されている

相談事例

増え続ける業務をどこまでやればいいの!?

動画クリエイターのXさんは、家電メーカーY社から、Y社の広告に使う動画の制作を請け負いました。ひとまず動画の案を納品したところ、Y社の中で評判が良かったようで、SNS展開用のショートバージョンの作成、字幕の追加、動画とともに投稿するテキストの作成も依頼されました。

Xさんは当初、企業HPにアップロードすることを想定して制作していたので、SNS展開バージョンの作成や字幕の追加となると、明らかに想定工数をオーバーします。一方で、広告に使う動画制作として請け負った以上、SNS展開バージョンも広告であることから、追加報酬の交渉もし辛く感じています。

そのようなもやもやした状況で作業をしていたXさ

んですが、Y社の担当者Zさんとの打ち合わせで雑談をしていたところ、Y社が海外展開するという話を聞きました。「海外展開となると、翻訳バージョンの動画の制作も追加されるのではないか……」とXさんは戦々恐々としています。

対応策　業務範囲を確認のうえ、きちんと交渉しましょう

今回のケースでは、当初、受託した業務範囲の中にどこまでの業務が含まれているか（合意した業務範囲がどこまでか）がポイントです。「Y社の広告に使う動画の制作」という抽象的な形で受託した場合でも、契約締結前の担当者とのやりとりの中で、「企業HPにアップロードする動画を依頼したい」という点が明確だったのであれば、業務範囲として企業HPにアップロードする動画のみが合意されたといえるでしょう。また、そのようなやりとりがなくても、報酬額から業務範囲が推測できる場合もあるかもしれません。例えば、相場より安い報酬金額なのであれば、企業HPにアップロードする動画の制作業務のみが合意されていたのであり、それ以上の作業は業務範囲に含まれないと判断される可能性があります。

　このように、業務範囲が契約書や見積書などからは明らかではない場合、メールのやりとりなど様々な事情を考慮のうえ、どのような業務範囲が当事者間で合意されていたのかについて、客観的に判断されることとなります。その結果、SNS展開バージョンの作成や字幕の追加なども当初の業務範囲として合意されていたのであれば、Xさんとしては対応する契約上の義務を負うことになりますし、逆に、SNS展開バージョンの作成や字幕の追加などは当初の業務範囲として合意されていなかったということであれば、Xさんは対応する契約上の義務を負わない（＝別の契約として別途費用を請求できる）

ということになります。

以上が法的な理屈となりますが、自分として想定外の工数が生じていると感じた場合には、まず、先方と話し合いをしてみましょう。きちんと事情を説明して、納得してもらえれば、対価を増額してもらえる可能性もあるかもしれません。クライアントによっては、「ショートバージョンなんて動画を切り抜くだけなのですぐ作れるはずだ」「字幕も文字起こしするだけなので、すぐできるはずだ」と思って、気軽にお願いしているだけの可能性もあります。専門的な業務にかかる工数は第三者からは意外とわからないものなので、まずはきちんと事情を説明することが肝要です。

予防策

受託する業務は細かく記載する

今回のような問題を発生させないためには、受託する業務内容を細かく記載することが重要です。例えば、今回のケースでは、見積書、受発注書などに、「広告用動画制作（貴社HP掲載用）」と記載しておけば、Y社のHP掲載用以外の動画制作は、業務範囲外と一目瞭然です。また、より詳しく、「広告用動画制作1点（貴社HP掲載用・○分程度・字幕なし）」などと記載すれば、より業務範囲が明確になり望ましいといえるでしょう。

このあたりの記載の仕方は、今回のような経験を乗り越えて自分のノウハウとして溜まっていくものなので、どんどん経験を積んでノウハウを溜めていきましょう。

ワンポイントアドバイス

デザイナーの場合は、特に、「10万円（10ページ制作、1万円/1頁）」「30万円（キャラクターデザイン3点、1点10万円、ディレクション費は別途）」などと単価まで記すことも有用です。単価まで書くことで、制作途中でページ数、イラスト点数などが変更となった際も、「○ページ増えたので、○円追加でお願いします」など、追加費用の金額の交渉がしやすくなります。

column

契約書を準備できない場合に最低限すべきこと

契約書の機能・役割として代表的なものは、やはり「証拠になる」というものでしょう。いくら口頭で合意があったとしても、あとからトラブルになった場合に、口約束のみでは客観的に証明することは困難です。

「今回は信頼できる相手だから証拠などなくても問題ない」と思われる方もいるかもしれませんが、時間の経過とともにお互いの記憶が大きく食い違ってしまい、お互いに自分の認識が真実であると悪意なく信じているという場合も少なくありません。

また、案件スタート時に信頼していた担当者がその後退社してしまい、口頭での合意内容が確認できなくなってしまったなどということもありえます。

こうしたケースがあることを踏まえると、やはり重要な取り決めについては、紛争時の証拠として提出できるよう客観的に記録化しておくことが重要といえます。

もっとも、あくまで証拠としての記録化がポイントなので、契約書という形でなくても問題はありません。そのため、契約書が準備できない場合には、見積書などの書面に記載しておく、メールのやりとりを残しておくといった方法でも問題ありません。最低限、証拠としての記録化はするようにしましょう。

なお、電話や会議内など、重要なことが口頭で決定されたというケースでは、後からその内容を議事メモやメールに記載して「認識に誤りがあればご指摘ください」といった言葉とともに相手方に送っておくという記録化の方法があります。

ちなみに、最近ではチャットツールにて、クライアントとやりとりをされている方も多いと思いますが、チャットは後から削除することも可能です。重要な事項についてはスクリーンショットなどで残しておくようにしましょう。

20

クライアントに内緒で友達のデザイナーに手伝ってもらっている

関連項目 23

類似のケース

- 自らのリソースに余裕がなくなり、案件を外注したい
- 受注業務の中に自分では対応できない部分があるので、その分野が得意な知人クリエイターに作業をお願いしたい

相談事例

得意な友人にお願いしただけなのにダメなことなの!?

Webデザイナー Xさんは、Y社から、Y社のコーポレートサイトの制作（デザインだけでなくコーディングまで含む）を受託しました。Y社は上場企業であり、案件の発注にあたっては、契約書が必須だったので、Y社のひな型通りで業務委託契約書を締結し、案件を受注しました。なお、Xさんは、コーディングに関する知識には乏しかったため、コーディングまでできる友人のデザイナー Zさんに案件を手伝ってもらっています。

ある日、Xさんは、Y社から、「都合により納期を早めることはできないか？」と相談を受けました。コーディングにも影響が出ることから、Zさんに相談したところ、Zさんのリソース的に厳しかったことから、「申し訳ないが、コーダーの都合があり、納期を早める

のは厳しい」と回答しました。すると、Ｙ社から、「コーダーに手伝ってもらっているとは知らなかった。当社としては、Ｘさんにお願いしたのであり、Ｘさん以外が関与されるのであれば、事前に連絡をいただきたかった。守秘義務などの関係もあるので、Ｘさんとコーダーとの契約書などを拝見させてほしい」と連絡がありました。

Ｘさんは、これまでもＺさんに手伝ってもらっていましたが、クライアントから指摘を受けたことはなく、初めて指摘を受け、困惑をしています。

対応策

契約書を確認しよう

「よりよいＷｅｂサイトになるよう得意な友人に再委託しただけなのに?」と思われる方もいるかもしれないので、まずは、なぜ企業がこの点について気にするのかを解説していきます。

企業側の目線からすると、デザイナーに発注するにあたり「公開前に案件の内容をＳＮＳなどで公表されたら困るけど、このデザイナーは守秘義務を守ってくれるのだろうか?」「前払いで報酬を一部支払っているけど、ちゃんと最後まで責任をもって仕事をしてくれる人だろうか?」「暴力団などの反社会的勢力や、反社会的勢力と付き合いがある人ではないだろうか?」といった点を気にすることが考えられます。この点は、特に大きな企業になるとなおさらといえるかもしれません。

この観点から、企業としては取引先だけでなく再委託先についてもチェックを行い、「再委託先がＳＮＳに案件内容を公開してしまった」「再委託先が実は反社会的勢力だった」という事態を防ぐ必要があると考えることが多いでしょう。

このように、(特に大きな)企業としては、直接の委託先だけでなく、その再委託先も含めて、自らが発注した案件にどのような人物や企業が関与しているか、というのは非常に気になるものであり、事前に把握しておきたいと考えることが予想されます。本質とは関係がないところでクライアントとの信頼関係を崩してはもったいないので、クライアント側には以上のような事情が存在することもあることをまず理解しておきましょう。

そのうえで、法的にはどうなるかという点ですが、まずは契約書の条項を確認しましょう。多くの契約書には、例文1のような再委託に関する条項があるはずです。

> 例文1
> 受託者は、委託者の事前の書面による承諾なく、本件業務の全部又は一部を第三者に委託してはならない。

例文1のように、再委託が禁止されているのであれば、Zさんにお手伝いしてもらっていたのは、業務の一部の再委託に該当し、契約違反になるので、素直に謝る方が賢明でしょう。

予防策　再委託ができるよう事前に交渉しておこう

まずは契約書の再委託に関する条項を事前に確認するようにしましょう。例文1のように再委託が禁止されている場合は、例文2のように再委託をできるように修正しましょう。

> 例文2
> 例1　受託者は、本件業務の全部又は一部を第三者に再委託することができる。
> 例2　受託者は、委託者の事前の書面による承諾なく、本件業務の全部又は一部を第三者に委託して

> はならない。但し、コーディングに関する業務は除く。
>
> 例3　受託者は、委託者の事前の書面による承諾なく、本件業務の全部又は一部を第三者に委託してはならない。但し、下記の者に対する委託はこの限りではない。

なお、契約書を締結しない場合でも、クライアントの観点からすると、「当社としてはXさんに頼んだのに、その業務を再委託されたのでは、Xさんに頼んだ意味がない」となり、信頼関係が崩れかねません。そのため、既に業務を再委託することが決まっている場合には、あらかじめその範囲と再委託先を伝えるようにするのがよいでしょう。また、案件開始後に再委託することになった場合にも、適宜、報告などを行う方がよい場合が多いでしょう。

ちなみに、再委託を行った場合は再委託先のミスについても、自らが責任を問われる可能性があります。

そのため、再委託をお願いするにあたっては、自らも「この人は守秘義務を守ってくれるだろうか？」「ちゃんと最後まで責任をもって仕事をしてくれるだろうか？」「反社会的勢力と付き合いがある人ではないだろうか？」といった観点で、再委託する方を選ぶのが重要です。

ワンポイントアドバイス

企業と契約する場合、契約書のひな型がクライアントから出てくる場合があります。（特に大手の企業だと）「大手企業だし、変な内容にはなっていないだろう」と過信し、そのまま締結してしまうケースもあるようです。しかし、逆に大手企業だからこそ、自社に有利なようにきちんと契約書のひな型を整備していることが多いです。自らに不利な内容になっていないかは、よく確認するようにしましょう。

21

担当者から無理難題を言われていて辛いので案件を下りたい

関連項目 **28**

類似のケース

- クライアントの担当者からパワハラを受けているため案件を下りたい
- 体調不良で案件を下りたい

相談事例

案件を下りたいけど、どうすればいいの？

デザイナーのXさんは、駆け出しのフリーランスで、学生時代の先輩Zさんが起業したスタートアップ企業Y社から、WebサイトやLP制作の業務を受注しています。当初は、Zさんからの信頼を得るため、納期が厳しい案件も受注したり、土日夜間を問わないチャットにもすぐに返信したりと、無理をして働いていました。しかし、他のクライアントの仕事も増えてきたこともあり、そのような受注の仕方・働き方が難しくなってきました。

そんなある日、XさんはY社の案件で小さなミスをしてしまいました。すると、Zさんから「最近、やる気がないのではないか。いつまでも学生気分でいてもらっては困るし、そのような態度ではフリーランスとして成功できない」と言われました。Xさんは、納得できない部分もありましたが、「申し訳ない。ただ、納期が厳しい案件が多かったり、土日夜間を問わないチャットをしてこられたりと困っている。少しはこちらへの配慮もしてほしい」と正直に伝えました。すると、その後、XさんからZさんに対するチャットの返信がこないことがあったり、逆にZさんからXさんに対する細かなどうでもよい指摘が増えたりと、Xさんへの風当たりが日に日に強くなっていきました。

それにもかかわらず、納期が厳しい案件や土日夜間を問わないチャットは減りません。XさんはY社の案件が原因で、憂鬱な気分が晴れず、他の案件にも影響が出ています。Xさんは案件を下りることを決意しましたが、仕掛かり中の案件もあり、どうすれば穏便に案件を下りられるかを悩んでいます。

対応策

最低限の業務は行ってから下りるのがベター

案件を受注した以上は、クライアントに契約違反（前金を支払わない、契約で定められた必要資料を準備しない等）がない限り、自由には案件を下りられないのが原則です。今回の件も、納期が厳しかったり土日夜間を問わないチャットが届いたりと、辛い案件ではありますが、クライアントが契約違反をしているとまでは言えないので、残念ながら仕掛かり中の案件は頑張ってこなす必要があります。

とはいえ、Y社の案件を継続することがどうしても無理な場合はあるでしょう。その場合は、クライアントに損害を賠償して案件を下りることは可能です。損害の額は案件により様々ですが、中間成果物を引き渡す、引き継ぎをしっかりする等の対応をすることにより、損害額を減少させることができる可能性があります。

☑予防策

嗅覚を鍛える

どのような契約をするかは当事者間の自由なので、いつでも案件を下りられるようにするために、「クリエイター都合でいつでも契約を解約することができる。この場合、クライアントはクリエイターに対し損害賠償請求は一切しない」などと定めることはありえますが、クリエイターに著しく有利なこのような条件では通常、相手は合意しないでしょう。

結局のところ、最も効果的な予防策は、**無理難題を突きつけてきそうなクライアントには近づかない**ということにならざるを得ません。Ｘさんは、当初は信頼を得るため、無理をして働いてしまいましたが、ここでＹ社の仕事の進め方に対する違和感を持てていれば、そこでＹ社の案件からはフェードアウトすることもできたかもしれません。

また少しでも不安を感じるクライアントの場合には、まずは短期で契約してみることや、簡単に終了できる案件から始めてみるなども一案でしょう。

ワンポイントアドバイス

本文で解説したように、クリエイターの都合で案件を下りることは法的には意外と難しい問題です。そのうえ、クライアント側の要因や下りたい理由も千差万別ですので、案件を途中で下りたい場合には、まずはキャリアが長い先輩クリエイターに相談することや、クライアントと実際に交渉するとなった場合には、あらかじめ弁護士に相談し法的見解や交渉のポイントを聞くことなどをおすすめします。

請負と準委任の違い

クリエイターがクライアントと締結する契約は、法律的には、請負契約か、準委任契約に大別されることがほとんどでしょう。「請負の方がクリエイターに不利なので、準委任で契約を締結したい」といった話を聞いたことがある方もいるかもしれませんが、ここでは、それぞれの契約の違いについて簡単に解説します。

①本質的な業務の内容

請負は、仕事を完成させることが本質的な業務となる一方、準委任は、委託された業務をこなすことが本質的な業務となります。そのため、請負では仕事を完成できなかった場合には、どのような理由があろうと原則は契約違反になるのに対し、準委任では、一般的な水準で業務をこなしていれば契約違反の責任を原則は問われないこととなります。

②契約不適合責任の有無

請負では、納品後の成果の品質などが契約で合意した内容に適合していない場合には、修正などの責任を負う必要があります。これを契約不適合責任といいます。一方、準委任の場合は、契約不適合責任を負うことはなく、一般的な水準で業務をこなしていれば、契約違反の責任を問われることは原則としてありません。

③再委託の可否

請負は、業務を再委託することが可能であるのに対し、準委任では、業務を再委託することができません。

請負と準委任では以上のような様々な違いが法律上ありますが、これらも契約書で合意することにより上書きすることは可能（例えば請負で再委託を禁止する）なので、あまり請負と準委任の違いに囚われずに、契約書でどのような合意をするのか、を意識するようにしましょう。

22

代理店とクライアントの言うことが違って困っている

関連項目 21、34

類似のケース

- クライアントの担当者間で言うことが異なって困っている
- 複数の企業が関与するイベントで使用するための販促物の制作依頼を受けたが、企業間で言うことが異なって困っている

相談事例

自分はいったいどちらの意向に従えばいいの!?

デザイナーであるXさんは、広告代理店のY社から、老舗饅頭屋Z社のリブランディングの依頼を受けました。まずは全体のコンセプト立案のための企画書を作成し、Y社とZ社それぞれの担当者の前でプレゼンを行ったところ、Xさんが提案した「働く男のそばに、葉巻(シガー)ではなく饅頭(シュガー)を」というコンセプトが採用されました。その後、この新しいコンセプトを基に、Z社の担当者と打ち合わせをしつつ、Xさんはロゴ、店舗デザイン、包装資材などのデザインを進めていました。

ある日、Z社の担当者から、「Z社の会長に新コンセプトを伝えたところ、『ダジャレ感が寒い』『働く男と饅頭がマッチするとは思えない』『もっと家族団らんの中にZ社の饅頭があるみたいなイメージにしたい』との

意見が出たので、大変申し訳ないがコンセプトを『これからも家族の笑顔のそばに』に変更できないか」と尋ねられました。

Xさんとしては、あまり納得ができなかったため、この旨をY社の担当者に伝えたところ、「そのコンセプトはないだろう。Z社の会長の言うことに合わせたら、結局、昔のイメージのままでリブランディングにならないから、やはり元のコンセプト（働く男のそばに）でいこう」と言われました。

とはいえ、最終的にはZ社が使用するものなので、Xさんとしては「Z社の意向を重視しないといけないのでは？」と思うものの、案件を紹介してくれたのはY社ということもあり、どちらの意向に従えばよいか悩んでいます。

対応策
契約相手からの指示に従うことが原則であるものの、リスクヘッジは行う

今回のケースでは、まずは自分の契約相手が誰かを確認することから始めましょう。業務委託契約書などを交わしている場合には、契約書の当事者欄などを確認することでわかります。

発注の流れが、Z社→代理店Y社→Xさんの場合、Xさんの直接のクライアントはY社なので、Y社の意向に従わない場合には、契約違反になるおそれがあります。よって、仮にZ社の意向とY社の意向が異なる場合、少なくともY社の意向を無視することは望ましくありません。一方、Z社は本件の大元のクライアントになるので、Z社の意向に沿わない案件処理が行われた場合には、後々Y社とZ社とが揉める可能性があります。

そもそも、今回のようなケースでは、本来はY社とZ社との間で方向性をすり合わせてもらい、その結果をY社から報告してもらい、Xさんが制作をする、という流れが正しいでしょう。よって、Y社の意向に従うのは前提としつつ、Y社に対し、Z社の意向に従わなくても本当によいのか尋ねたり、Z社とY社で一度方向性をすり合わせてもらうよう依頼したりするのがよいでしょう。

予防策

自分の契約相手は誰なのか、最終的に誰が決定権を持つのかなどは事前に確認しておく

特に多くの関係者が関わる案件の場合、誰が自分の直接のクライアントで、最終的に自分は誰の指示に従えばよいのかがわからなくなることが少なくありません。

そのため、案件にはどのような会社が関与していて、どういう契約関係になっていて、また、自分の直接の契約相手は誰で、最終的に誰の指示に従えばよいのかなどを事前に確認・整理しておくことが重要です。

特に関係者が多くなればなるほど、コミュニケーションエラーによるトラブルが生じやすくなるので、慎重に確認するようにしましょう。

ワンポイントアドバイス

代理店から案件の紹介を受ける場合、大元のクライアントと直接連絡をとることはタブーとされている場合があります。一方、代理店や案件によっては、直接大元のクライアントと連絡をとってもらってもよいと言われることもあります。いずれにしても代理店を経由して案件を受ける場合には、この辺の匙加減が難しい場合があるので、悩んだ際には、自分の直接の契約相手である代理店の意向を逐一確認する方が安全でしょう。

column

テキストコミュニケーションの重要性

口頭でのコミュニケーションは、相手の雰囲気や温度感をさぐりやすいなど一定のメリットがあることは言うまでもありません。しかし、人間というものは、特に言いにくいことなどは、口頭ではっきりと伝えられず、抽象的に表現したりオブラートに包んだ言い方をしたりしがちです。そして、そのような表現・言い方では、実は言いたいことが伝わっておらず、認識のズレが顕在化してトラブルに発展したというケースもあるあるです。

こうした事態を防ぐために重要なものは、契約書や見積書、あるいは電子メールなどのテキストによるコミュニケーションです。明確にテキストで表現し、契約書などの書面を通じて双方の要望などを出しあえば、クライアントとの認識のズレを未然に防ぎ、共通認識のもと案件を進められるようになるでしょう。また、テキストは後に残るので、いざというときの証拠としても役立ちます。

一方、テキストでのコミュニケーションにおいて、うまくコミュニケーションを取るためには、主語述語をきちんと気にする必要などがあります。また、口頭でのコミュニケーションと比べ、通常は同じ時間あたりのコミュニケーション量も劣ります。このように、テキストでのコミュニケーションは使いづらい側面があるのも事実です。

しかし、口頭では伝えにくいこともテキストであれば伝えやすい場合もあるでしょうし、また、テキストであれば、口頭とは違い、何回も文章を推敲したうえで伝えることもできます。さらには、自分の意見や要望をテキストにする過程で頭の中が整理され、伝えたいことがより明確になるということもあるでしょう。

このように、テキストでのコミュニケーションには、それ相応のメリットがありますので、口頭でのコミュニケーションだけではなく、テキストでのコミュニケーションも意識的に使えるようになりましょう。

23

成果物に他社のロゴなどを載せたい

関連項目 第10章

類似のケース

- 作品の中に特定の商品名を登場させたいが問題がないか
- Webサイトに社長が座右の銘にしている著名人の名言を掲載したいが問題がないか

相談事例

他社の商品名やロゴを勝手に使うのはNG？

Webデザイナーの X さんは、人事管理システム「適材適所くん」を提供するベンチャー企業Y社から、「適材適所くん」のサービスページを制作してほしいと依頼を受けました。その中で、X さんは導入実績として他社名とロゴを多数掲載しようと考えましたが、ふと「これは著作権や商標権的に問題ないのか？」と気になり、悩んでいます。

対応策

他社のロゴの権利の確認と、契約上問題がないかの検討が必要

掲載しようと考えている会社名・ロゴが著作物に該当する場合には、著作権の問題が生じることになります

が、そもそも固有名詞や単にアルファベットを並べただけのごくシンプルなデザインのロゴなどは著作物には該当しません。他方、デザイン性の高いロゴやイラスト的なロゴの場合には著作物に該当する可能性がありますので注意が必要です。

また、会社名・ロゴを掲載する場合、商標権にも注意が必要ですが、「適材適所くん」の導入企業として、紹介する態様で、掲載するのみであれば、商標的使用（詳しくは236ページ参照）に該当せず、通常は商標権の問題にはなりません。

その他に気にすべき点には、Y社と導入企業との契約（利用規約）上の制限があります。当該契約で、「当該サービスを導入していることを無断で公開することを禁止する」「ロゴの利用には導入企業の事前承諾を要する」などの内容が定められていた場合には、Webサイトなどで紹介すると、Y社が契約に違反する可能性があります。そのため、Xさんは、念のためY社に契約内容を確認するとよいでしょう。

予防策 著作権や商標権に対する最低限の知識を持とう

著作権や商標権に対する正しい知識がないがゆえに、創作の幅を自ら必要以上に狭めてしまったり、クライアントに間違った説明をしてしまったりすることがあります。最低限の知識や知見を身につけて、創作が不必要に委縮しないようにしましょう。

ワンポイントアドバイス

作品や成果物の中に他社の商標を使用することは、どんなときでも商標権の関係から禁止されると勘違いされているケースは非常に多いです。その結果、商品名を伏字にしたり、もじった名前にしたりするケースが散見されますが、実は今回のように商標権的に問題ない場合も考えられます。

24

印刷費用などの実費の負担で揉めている

関連項目 33

類似のケース

- 振込手数料が報酬から控除されていたのだが納得ができない
- 遠方の打ち合わせに呼ばれたが、交通費を支払ってもらえない

相談事例

印刷費用などの実費はデザイナー側が負担しないといけないの!?

デザイナーのXさんは、友人が劇団員として所属するY劇団の制作担当者から、次回公演のチラシのデザインを頼まれました。依頼の内容としては、最終的に「公演の2カ月前までに、チラシの制作を完了させ、PDFデータと200部を紙のチラシとして納品すること」が決まりました。Y劇団としても予算が厳しいこと、また友人からの依頼ということもあり、制作費用は5万円（消費税別）になりました。

その後、チラシの制作と納品も無事に完了したため、XさんはY劇団に対し、制作報酬としての5万円（＋消費税）と、印刷費用の実費代を請求したところ、Y劇団の制作担当者から「申し訳ないが印刷費用も5万円に含まれるという想定だった。これ以上、追加の予算を捻出

することができず、印刷費用も含めて5万円でお願いしたい」と告げられました。

Xさんは、当然、印刷費用などの実費は別で請求可能と思っていたこともあり、到底納得できずにいますが、法的に請求できるものなのか気になっています。

対応策

実費の負担について交渉する

業務を行ううえで必要になる実費の負担は、特に当事者間で合意がされていなければ、どちらが負担することになるかについて、一概には確定できない場合も多く、どのような場合であっても当然に請求できるというものではありません。

したがって、今回のような必要な実費の負担の取り決めをしていなかった場合には、改めて、実費をどちらが負担するのかについて、交渉する必要があります。

予防策

どちらが実費の負担をするかについては、事前に合意しておく

実費の負担については、案件開始後に話をすると大変揉めることが多いポイントなので、依頼を受ける段階で、「①どちらが負担するのか」「②精算対象となる実費の項目」「③実費を請求する際のルール（事前承認の要否など）」を、きちんと合意しておくことが重要です。

ワンポイントアドバイス

今回のようなケースで「実費はクライアント側が負担することが当然だ！」と思われている方もいるかもしれません。しかし、業界が変われば当然と思っている内容が変わることは多々ありますし、先入観は可能な限り排除して、トラブルになりそうなポイントはしっかり事前に伝えて、認識を合わせておくことが重要です。

25

他社のデザインを渡され、「こんな風に作って」と言われた

関連項目 47、48、第9章

類似のケース

- 制作にあたり他人の作品を参考にした
- デザイン案を示したところ「もっとこのデザインに近づけてほしい」と参考となるデザインを提示された

相談事例

これって著作権侵害とかにならない!?

イラストレーターのXさんは、文具メーカーのY社から、Y社の新商品にあしらうイラストの制作を依頼されました。Y社からは「ネットで見つけたこのイラストが新商品の雰囲気とも合っているので、このイラストのような感じで制作してほしい」と伝えられ、実際のイラストの画像も渡されました。

Xさんは、その画像をそのままトレースすると、著作権侵害になると思っていたので、あくまで元のイラストを参考にしながら、元のイラストの雰囲気を再現する形で、イラストを制作し、納品しました。しかし、納品後、Y社から「もうちょっと元のイラストに近いイメージでお願いできないか」と連絡がありました。Xさんとしては、これ以上元のイラストに近づけると著作権を

侵害しないか心配であり、悩んでいます。

対応策

怪しいと思ったらきちんと断る

元のイラストの著作権を侵害しているかは、「①元のイラストを見たうえで制作しているか（依拠性）」「②元のイラストと似ているか（類似性）」がポイントとなります。そして、①と②の両方に該当した場合に著作権侵害となります。

今回のケースでは「①依拠性」については元のイラストを参考にしながら制作しているので該当するとして、著作権を侵害するかについては「②類似性」の検討が重要です。類似性の判断は、抽象的には元のイラストと似ていれば似ているほど侵害の可能性が高くなりますが、正確な判断を行うためには、アイデアや画風の類似にとどまるのか、創作的表現部分まで類似しているのかなど、専門的な観点から評価を行う必要があります。そのため、実際に著作権を侵害しているかどうか、弁護士などの専門家によるサポートなしでは、判断が困難な場合も少なくありません。

また、契約書などにおいて、Xさん側で「制作物が第三者の著作権などを侵害していないことを保証する」といった内容が定められている場合があります。この場合には、結果として著作権侵害となると、損害賠償などの責任をXさんが一手に負わなくてはいけない可能性もあります。

よって、クライアントには「著作権侵害になりかねないことからこれ以上似せることはできない」と説得するのがよいでしょう。

なお、契約書によっては、「クライアントの指示に従ったことにより権利侵害が生じた場合、自らは責任を負わない」といった内容が規定されていることがあります。そのため、クライアントが元のイラストに近づけるように指示したことにより仮に著作権侵害となっても、クリエイター側が責任を負わない可能性はあります。しかし、ワンポイントアドバイスに記載の通り、仮に責任を負わないとしても、炎上やトラブルに巻き込まれる可能性は大いにあるので、いずれにしろ、著作権侵害になりかねないことを理解しながら制作を継続するのはおすすめできません。

予防策

複数のイラストを参考にしよう

今回のような件で、著作権侵害・炎上やトラブルに巻き込まれるリスクを減らすためには、複数のイラストを参考にして制作することが考えられます。これは、複数のイラストを参考にすることで、ある1つのイラストに極端に似るということが少なくなると考えられるためです。

また、万が一、トラブルが生じるときに備えて、「クライアントの指示により権利侵害が生じた場合、自らは責任を負わない」といった内容を含んだ契約書を締結することも一案です。

ワンポイントアドバイス

本節では主に法律的な観点から解説をしましたが、SNSが発達した現代においては、炎上リスクにも目を配る必要があります。例えば、アイデアやタッチ・画風を似せても著作権侵害とはなりませんが、炎上する可能性はありえるので、直近の炎上ケースなどはウォッチしておくとよいでしょう。

第4章

中途解約するときのトラブルの火種

26

途中でクライアントと連絡がつかなくなった

関連項目 18

類似のケース

- どんなに連絡をしてもクライアントから応答がない
- 先方の都合でスケジュールに遅延が生じ、納期に間に合わないことが確実である

相談事例

返事がない依頼をこのまま放置しておいていいの!?

イラストレーターのXさんは、友人から紹介されたYさんから結婚式用のウェルカムボードの制作依頼を受けました。メールで日程調整をしたうえで、最初にオンラインで打ち合わせを実施し、結婚式の時期に合わせて秋のモチーフを多数用いたデザインにするという方向性と、今後のスケジュールを決定後、見積書をメールでYさん宛に送付しました。

●合意したスケジュール
・デザイン案の提出時期
・提出から1週間以内にデザイン案の修正希望などをお戻しいただく
・デザイン案確定後1カ月以内にデザインを完成させる

・最終的な納品時期
●見積書内容
・ウェルカムボードの実費代、消費税を含めて10万円

Yさんからは「問題ないのでそれでお願いしたい」と返信が来たため早速制作を開始しました。

3週間ほど作業のうえ、制作したデザインのデザイン案をメールでYさん宛に提出したところ、1週間経過しても返信がありませんでした。そこで、再度、Yさんに対して「先日お送りしたメールは届いておりますでしょうか？　納期の関係もありますので、8月末までにお返事お願いします」とメールしたものの、8月末になってもやはり返事がありませんでした。

Xさんは Yさんを紹介してくれた友人に、「Yさんから返事がないのだが、何か事情を知らないか？」と尋ねたところ、「私もYさんは直接の知り合いではなく、SNSでイラストレーターを探していたためXを紹介しただけで、メール以外に連絡先もわからなければ、現在の状況もわからず……。申し訳ない」との返事がありました。

Xさんは、Yさんの連絡先はメールアドレスしか聞いておらず、そのメールアドレスから返信がない以上、進めようがありません。デザイン案まで制作は進んでいたものの、不誠実な相手とこれ以上コミュニケーションをとることも面倒なので、Yさんとは関係を切ったうえで、特に報酬も請求せず終わらせたいと考えています。ただ、このまま放置してよいものなのか、何かやるべきことがあるのかわからず悩んでいます。

対応策　契約を終了させるために解除の意思表示を行う

今回は特に契約書などは作成していないようですが、

そもそも契約自体は契約書がなくても（口約束などでも）成立するものです（6参照）。

今回のケースでは契約書はありませんが、メールのやりとりから、少なくとも「Xは結婚式のウェルカムボードを事前に合意したスケジュールに従い制作する」「Yはその対価としてXに10万円（実費代・消費税込）を支払う」という内容が合意され、契約は成立していると判断されるでしょう。

そんな中で、制作途中でYさんが音信不通になり、制作継続が困難な状況になっていますが、この場合でも、特に何もアクションを取らなければ、契約自体は残り続けることになります。すなわち、XさんはYさんのためにウェルカムボードを制作する義務自体は負い続けることになるわけです。したがって、Yさんが突然、結婚式の直前になって、「そういえばあのウェルカムボードはどうなりましたか？　既に納品日は経過していると思いますが……」といった連絡をしてきた場合、

図4-1　メール文面の例

From：x@xxmail.co.jp
To：y@xxmail.co.jp
件名：ウェルカムボード作成の件

Y様

お世話になっております。デザイン案の提出から1週間以内に修正希望をお戻しいただくこととなっておりましたが、○月○日のデザイン案の提出から既に1週間以上が経過しております。
また8月末までに確認いただきたいとの再度のメールに対してもお返事をいただけておりません。そのため、これ以上、当方としても作業を続けることが難しく、仮に9月10日までに提出済のデザイン案に対するお返事をいただけない場合には、ご依頼を継続する意向はないものとみなし、今回のウェルカムボード制作に関する契約を解除させていただきますので、その旨ご通知申し上げます。
以上、よろしくお願いいたします。

9月3日
X

ウェルカムボードが完成していないとなると、Xさんは契約違反の責任を問われるおそれがあります。

そこで、契約上負っている義務から自らを解放するために、契約の解除というものを行う必要があります。契約の解除は、相手方が契約上の義務を果たさない場合に、一定期間を設けてその義務を果たすよう催促し、それにもかかわらず、その義務が果たされない場合などに行うことが可能です。

したがって、今回のケースでは、図4-1のようなメールを送付することが対応策として考えられます。

予防策 依頼を受ける場合には、複数の連絡先を聞いておこう

今回のケースでは、メールで全ての連絡を行っていましたが、案件の途中で音信不通になるような場合に備えて、受注の際には、住所や電話番号など、メール以外の複数の連絡先を聞いておくことが望ましいといえるでしょう。今回の件も、迷惑メールボックスにメールが入っているだけで、Yさんに悪気はないかもしれません。

また、報酬が未払いのようなケースで仮に裁判などをする場合には、相手方の住所などは重要な情報なので、その観点からも複数の連絡先を把握することは重要です。なお、本来であれば、契約の解除通知のような重要な書面は、メールだけでなく内容証明郵便など記録が残る形で相手方の住所宛にも送付しておくことが重要です。

ワンポイントアドバイス

そもそもメールアドレス程度しか知られていないと思うからこそ、音信不通になるなど不誠実な対応をしてくる人も残念ながら一定数存在します。相手方の本気度を図る意味でも、案件を受ける際には、少なくとも氏名、住所、電話番号などを聞いておきましょう。

27

案件がクライアントの都合により途中でなくなった

関連項目 29、30

類似のケース

- クライアントの担当者が変更になり案件がなくなった
- クライアントの経営陣の変更に伴い案件がなくなった

相談事例

少なくとも実費分は支払ってもらいたい!

デザイナーのXさんは、Y社からWebサイトの制作を受託しました。しかし、制作が半分ほど進んだところでY社から「今回の案件を白紙にしてほしい」と連絡がありました。Xさんはすでに、友人のコーダーへの依頼と素材を購入しているので、少なくともその実費分は支払ってもらいたいです。また、提出済みのサイトのデザイン案の使用はやめてほしいし、使用するならその対価となる報酬も支払ってほしいと思っています。

対応策

実費分を請求し、デザイン案の使用もストップするよう申し入れよう

法的には、Y社は案件が完了（サイトが完成）するまで

の間は、契約を解除（案件を中止）できますが、解除にあたっては、Xさんに生じる損害を賠償する必要があります。少なくとも、本案件に関し、既にXさんが支出した実費分は支払ってもらうことが可能でしょう。

デザイン制作に関する報酬を受領していない以上は、案件の中途終了に伴い、提出済みのデザイン案は今後使用しないよう申し入れるべきでしょう。仮にY社が「今後そのデザイン案を使用したい」と言うのであれば、著作権譲渡する場合にはその譲渡対価、一定の範囲での使用許諾を行うのであれば使用料につき、従前合意済みの報酬額などを基に協議により定めることが考えられます。

予防策 キャンセル料を決めておくことが重要

対応策では、Y社は損害を賠償する必要がある、と記載しましたが、損害の概念は曖昧な部分も多いです。

そのため、中途解約時のトラブルを避けるためには、キャンセル料を定めておくのがよいでしょう。キャンセル料は一律で固定の金額を定めておくほか、進捗状況及び時期に応じた割合（例：ラフデータ提出後のキャンセルについては報酬の○%を支払うものとする）を定めておくパターンもあります。また、法的には実費分やキャンセル料を請求できる場合でも、Y社が支払ってくれない可能性もあります。そのため、案件開始前に前払金として一定額の報酬を受領しておくことも一案です。

ワンポイントアドバイス

今回のケースでは、案件の進捗状況や契約内容によっては、Xさんが得られるはずだった利益分もY社に請求できる場合もあるので、弁護士に相談してみるのも手です。

28

病気・怪我のため案件を進められなくなった

関連項目 29

類似のケース

- 体調不良のため案件を進められなくなった
- 急遽、長期入院を余儀なくされ案件を進められなくなった

相談事例

怪我により案件が進められなくなったら、責任はどうなる!?

フリーランスデザイナーのXさんは、Y社からロゴデザインの制作を受託しました。ところが、案件の途中で、不運にも交通事故に遭って怪我をしてしまい、案件を続けられなくなってしまいました。この場合、契約違反にならないのか、Xさんは不安に思っています。

対応策

不可抗力に該当するか検討する

本来、受託した案件を途中で続けられなくなった場合には、契約違反（債務不履行）として損害賠償などを請求されるリスクがあります。ただし、契約当事者が通常コントロールできないような事象（不可抗力）により、案件を

続けられなくなった場合には、通常そのリスクはありません。例えば、交通事故に遭って大怪我をしたり、大病を患い長期入院となった場合などです。なお、単なる体調不良の場合に不可抗力に該当するかは場合によるので、安易に自分一人で判断しないことも重要です。

法的に責任が問われない場合でも、信用やビジネス上の礼儀の問題として、可能であれば引き継ぎ先の確保や友人のデザイナーなどへの再委託を検討するのが望ましいでしょう。クライアントによっては、社内のデザイナーに引き継ぐケースもありえます。途中まで実施した分の報酬や、デザイン案などの仕掛かり中の成果物の取り扱いについても、この時に忘れず相談しましょう。

予防策

いざというときのリスクに備えよう

特に一人で仕事をしているフリーランスの方は、不可抗力により案件を途中でできなくなるリスクは常に付きまといます。そのため、やむを得ない自己都合の場合や不可抗力の場合には、中途解約できることやその条件を事前に決めておくことも考えられます。ただ、クリエイター側の都合で中途解約の可能性に言及すると、クライアントが不安に思うかもしれません。そのため、万が一案件を進められなくなった場合に備えて、案件を引き継げるクリエイター仲間を見つけておくのも1つのリスクヘッジの方法かもしれません。

ワンポイントアドバイス

フリーランスは、自由に働けるというメリットがある一方、体調不良の場合に、有休制度や休職制度などがないため、直ちに収入がなくなってしまうというリスクがあります。このような場合に備えて、所得補償保険や労災保険の特別加入を検討してみてもよいでしょう。

29

「解約を確認する書面を作成する予定はない」と言われた

関連項目 27、30

類似のケース

- 案件が自然消滅したが、このままでよいのか不安
- 中途解約をしたいがどういう手続きをすればよいかわからない

相談事例

このままメールだけで解約でいいの!?

デザイナーXさんは、Y社から、Y社のサービスサイトの制作を受託しました。Y社による素材の提供やデザイン案の確認が遅くなっていたこともあり、案件の進捗が少しずつ遅れていたある日、Y社から「申し訳ないが、今回の案件を解約したい。このままでは、ローンチ予定日に間に合わないと思うので、迅速に対応していただける別のデザイナーにお願いしようと思っている。これまでに稼働いただいた分の実費については改めて支払う」と連絡がありました。

Xさんは、Y社による素材の提供やラフの確認が遅くなったことが案件が遅滞している原因なうえに、今から別のデザイナーにお願いしたのではローンチ予定日には確実に間に合わないと思っています。そのような状況

の中で、仮にローンチ予定日に間に合わなかった責任を自分に押し付けられるのは困ると考えました。そこで、Y社に「解約の件、承知しました。しかし、貴社による素材の提供やラフの確認が、当方からの再三の催促にもかかわらず、遅くなったことが案件が遅滞した原因だと思っております。そのため、当方に案件が遅滞した責任はないと思っており、仮にローンチ予定日に間に合わなかった場合であっても、当方が責任を負う理由はないと考えております。つきましては、解約に伴って合意書を締結させていただきたいです」と連絡しました。

しかし、Y社から、「当社のルールとして、解約合意書のようなものは締結していないので、本メールをもって解約とさせてほしい。実費の支払いについては、別途、やりとりさせてほしい」と返答があり、この後、どのような対応をすれば、リスクヘッジができるのか、Xさんは困っています。

対応策

解約合意書を作成して送ろう

今回のような中途解約のケースでは、解約時までの料金の支払い、途中まで作業した成果物の権利の取り扱い、万が一トラブルが発生した場合の責任の所在などで争いになることも多いため、解約合意書を締結して、リスクヘッジをすることが重要です。例えば、図4-2のような解約合意書を締結することが考えられます。

また、今回のように先方が解約合意書の締結に応じなさそうな場合は、最低限の対策として当方が押印した解約合意書を、図4-3のようなメールとともに送ることで契約締結の代替とする方法なども一案としては考えられます。なお、このメールの手法は、合意書締結の方法としてベターなものではありません。あくまで最終手段の対応策として考えてください。

図4-2　解約合意書の例

解約合意書

X（以下「甲」という）とY株式会社（以下「乙」という）とは、○年○月○日付で乙が甲に対し委託した乙サービスサイトの制作契約（以下「本契約」という）に関し、以下の通り合意した（以下「本合意書」という）。

第1条（合意解約）
甲と乙とは、本契約を○○年○月○日付で解約することを合意した。

第2条（対価の支払い）
乙は、甲に対し、解約時点までの本契約に基づく業務の対価として、○○年○月○日限り、金○円（消費税別）を支払う。なお、振込手数料は、乙の負担とする。

第3条（甲の責任）
1．甲及び乙は、甲が本合意書締結時点まで本契約の本旨に従い業務を履行していたことを相互に確認する。
2．乙は、甲に対し、本合意書締結時以降、本契約に関する債務不履行責任を問うことはできないものとする。
3．乙が解約時点までに甲により制作された中間成果物を利用したことに伴い、乙その他第三者に損害が生じても、甲は、その責任を負わない。

第4条（専属的合意管轄）
本合意書に関して争いが生じた場合には、大阪地方裁判所を第一審の専属的合意管轄裁判所とする。

本契約締結の証として、本書を電磁的に作成し、双方にて署名捺印又はこれに代わる電磁的処理を施し、双方保管するものとする。

○年○月○日

甲
大阪府…
X

乙
滋賀県…
Y株式会社
代表取締役　○○

図4-3　メールの例

From：x@xxmail.co.jp
To：y@xxmail.co.jp
件名：案件の解約につきまして

Y社
ご担当者様

いつもお世話になっております。
Xです。

貴社のルールとして、解約合意書のようなものは締結しておりません、とのことでしたが、当方としては、案件終了に関する事実や今後の責任の所在を書面にて明確にさせていただきたく思っております。

つきましては、添付の通り、解約合意書を作成しましたので、ご確認いただけますと幸いです。
内容につき、問題ないようでしたら、案件受注時と同じく電子契約サービスで締結させていただければと思います。
なお、○月○日までにお返事いただけない場合は、解約合意書の内容に同意いただいたものと理解させていただきます。

よろしくお願いいたします。

X

予防策

書面による中途解約をあらかじめ定めておこう

案件を受注する際の業務委託契約書に「本契約は、甲乙協議のうえ、書面にて合意することにより、中途解約することができる」といった条文があれば、書面で解約することが必須となるので、このような条文を入れてみるとよいでしょう。

ワンポイントアドバイス

今回の解約合意書例では記載しませんでしたが、途中まで作業した成果物（中間成果物）の権利の取り扱いや清算条項などについても解約合意書に記載する場合もあるでしょう。書面の作成には、一定の知識が必要とされるので、リスクが大きそうな場合には、専門家に依頼して書面を作成してもらうのがよいでしょう。

30

中途解約されたが、提案済みのデザイン案が勝手に使われそうで不安

関連項目 27、29

類似のケース

- 中途解約の申し出を受けたが、それならキャンセル料を請求したいと思っている
- クライアントから、中途解約の場合のデザイン案の権利関係について聞かれた

相談事例

中途解約されたからにはデザイン案は使われたくない！

デザイナーのXさんは、Y社からY社のサービスサイトの制作を受託しました。案件の進捗も半ばに差し掛かったところ、Y社から「申し訳ないが、今回の案件を中途解約したい。デザイン自体は申し分ないものの、Xさんと日々のコミュニケーションが取り辛いのが解約の理由となる。もちろん、この時点までにXさんに稼働いただいた分の報酬については支払う」と連絡がありました。

Xさんは、他の案件が忙しく、確かにY社の案件に関する連絡が滞りがちになっていました。反省をし、コミュニケーションを改善する提案をしたものの、一度なくなった信頼関係は回復せず、中途解約を求めるY社の態度は変わりませんでした。

Xさんは「仕方がない」とは考えているものの、自分が制作した提案済みのデザイン案を他のデザイナーが引き継いでサービスサイトを完成させるのは回避したいと思っています。

ただ、既に稼働した分の報酬は支払ってもらえるようであり、このような場合、デザイン案の権利は先方に譲渡されることになってしまうのかなど、中途解約時の処理がよくわからず悩んでいます。

対応策

今後のデザイン案の取り扱いを明確にする

今後、デザイン案をクライアントに利用されるかどうかについて、まず受注時の契約書を確認しましょう。中途解約時の制作物の権利関係などを明確に合意していない場合は、原則として中途解約時点で改めて、デザイン案の利用の可否やそれに対する報酬などについて、クライアントと協議のうえ合意する必要があります。

今回は、Y社から「中途解約時までのXさんの稼働分の報酬を支払う」との申し出がありますが、この報酬は、Xさんの作業に対する単なる費用という意味であるのか、または、中途解約時までのXさんの制作物（デザイン案）を今後Y社が利用するための対価や、デザイン案に関する権利譲渡を受ける前提での対価という意味も含むのか判然としません。

よって、Y社が中途解約時までの報酬を支払うといっている点について、この報酬が何に対する対価なのか、それに伴い、中間制作物（デザイン案）の今後の利用についてどうするのかなどを明確に決めることが重要となってくるのです。

Xさんは今後デザイン案を利用してほしくないと考えているので、中途解約に伴いY社からもらう報酬については、今後Y社がデザイン案を利用することの対価や権利譲渡の対価を含むものではない（裏返していうとデザイン案は利用できない）ことを明確に確認しておくことが重要です。

予防策

受注時に中途解約の際の取り決めをしておく

対応策のところで述べた通り、受注時の契約書や見積書などにおいて中途解約時の処理に関して明確な合意がない場合、中途解約となった時点で新たに協議をする必要があります。

通常は、何らかのトラブルなどにより中途解約となることが予想されるので、いざ解約となった段階で協議を開始したのでは、なかなか円満に協議することは難しいかもしれません。

したがって、受注時に、中途解約時の報酬の取り扱い（キャンセル料など）や、その場合の中間制作物（デザイン案）の取り扱い（中途解約時には制作物の利用は一切禁止など）について定めておくのがよいでしょう。

ワンポイントアドバイス

今回のケースは、Xさんのコミュニケーション面に落ち度がある想定ですが、あくまで一般論としては、納期までに成果物を納品できないことが確定しているような場合はともかく、単に連絡が滞りがちというだけで契約違反と判断されることは通常はありません。もっとも、Y社の認識としては、Xさん側の事情による中途解約の申し出となるので、無用なトラブルを招かないという観点からは、穏便な交渉をするのがよいでしょう。

第5章

納品・請求のときのトラブル

31

デザインデータの納品を要求された

関連項目 41

類似のケース

- 「自分たちでイラストの調整をしたいから」とネイティブデータを要求されている
- 紙媒体での納品で合意したはずが、後からデータまで納品するように求められている

相談事例

編集可能なデータまで渡さないといけないの!?

デザイナーのXさんは、クライアントY社から、Y社が販売するメガネのチラシの制作を受注しました。XさんとY社は、発注書のやりとりを行い、図5-1の条件で合意しました。

無事に制作が終わり、Web掲載用のデータとチラシ50部を納品しました。このとき、納品したデータはフォントをアウトライン化するなど、編集に制限のあるデータでした。すると、Y社から「大変すばらしいデザインなので今後もひな型として、当社の方で商品や金額を調整して使い回したい。編集可能なデータで納品してもらうことは可能か?」と連絡がありました。

Xさんは、そもそもデザインデータを渡すつもりはなかったので「編集可能なデータのお渡しはしていませ

図5-1　発注書の例

発注書

X様

件　　名：チラシ作成　　　　Y社

下記の通り、発注します。

金額　　○円（税込）

No.	項目	数量	単価	金額
1	チラシ作成	○	○	○円
	（以下余白）			
			合計	○円

<備考>
（納品物）
・Web掲載用データ 1点・チラシ50部
・Web掲載用データはデータで納品・チラシ50部は紙媒体で納品
（著作権）
・著作権はXからYに譲渡

ん。デザインを流用される際は、別途、作業費を頂戴して対応させていただければと思います」と返信しました。するとY社から「著作権譲渡で契約しているのだから、編集可能なデータを渡してもらわないと契約違反になる」と連絡があり、Xさんは対応に困っています。

対応策　著作権譲渡と納品形式は別の話であると伝える

まず、著作権を譲渡するか否かと、どういうデータ形式で納品をするかは別問題なので、著作権を譲渡したからといってデザインデータを納品しないと契約違反になることはありません。それでは、今回のケースではデザインデータを渡す必要はないのか？　詳しく見ていきましょう。

発注書の記載をみると「Web掲載用データはデータで納品・チラシ50部は紙媒体で納品」とあるので、チラシ50部は紙媒体で納品すればよさそうです。問題はWeb掲載用データの「データ」が何を指すのかということです。この記載だけでは、アウトライン化されたデータを指すのか、デザインデータを指すのかははっきりしません。そのため、Y社と話し合いを行い、デザインデータを渡すかどうかを交渉する必要があります。

☑予防策

データ形式まで合意する

今回のようなケースを予防するには、納品するデータ形式（PDF・AIデータ・PNGなど）まで含めて受注時に合意することが有用です。なお、クライアントからすると、「著作権譲渡をしてもらったのだから、自由に改変可能な状態でデータを納品してもらえる」と思っていることも多いです。そのため、単にデータ形式について合意するだけでなく、そのデータ形式がどういう意味を有するのか（「JPEG、PNGなどの画像やPDF形式で納品するということは、改変を認めない趣旨である」など）まで合わせて説明しておく方がよいでしょう。

また、「AIデータ」・「アウトライン化」などの専門用語に近い言葉は、デザイナー以外にはわかりにくく、認識の差を生む可能性があります。わかりやすい表現でやりとり・合意することを心がけましょう。

ワンポイントアドバイス

デザイナーからすると「デザインデータの納品を要求してくるなんて何事だ」と思われる方もいるかもしれませんが、単にクライアントの担当者がデザインデータの価値（デザイナーのノウハウが詰まったものである）を理解していないだけのケースも多いです。変に身構えることなく、まずはきちんとNGな理由を説明してみるのがよいでしょう。また、今回のケースのようにデザインの流用が想定される場合は、その作業費用についても受注前に話しておくのがおすすめです。

裁判の流れと実際にかかる費用

本書の中で「裁判になると時間的・経済的コストがかかる」などと言及してきましたが、このコラムでは、「実際に裁判をすると、どのような流れになり、どれくらいの費用がかかるのか?」を解説していきます。

ドラマなどのイメージと違い、裁判は書面のやりとりを中心に進んでいきます。通常はこの書面のやりとりは、だいたい1カ月に1回のペースで原告・被告交互に書面を提出することで行われます。

例えば、1月に裁判を起こした（訴状を裁判所に提出した）場合、通常は2月か3月くらいに第1回目の期日が開かれます。その後はおよそ1カ月ごとに期日が開催されるのが一般的で、期日までに、相手方が提出してきた書面に対する反論書面を準備して提出する、といったやりとりが続きます。このようなやりとりが少なくとも数往復程度、争点が多い場合には何往復も続きます。ケースバイケースですが、裁判が終結するまでには、半年以上はかかることが多いでしょう。なお、裁判の途中で、和解が成立し裁判が終了する場合もあります。

裁判をするときにかかる費用は、代理人として弁護士に依頼した場合の弁護士費用・実費のほか、裁判所に収める手数料など裁判をすること自体にかかる費用があります（弁護士に依頼せず裁判を行うことも可能ですが、相手方が争ってきている事案であったり、著作権など専門性が高いと思われる裁判の場合には弁護士に依頼するのがおすすめです）。

いずれの費用も案件に応じて異なりますが、合わせて少なくとも数十万円程度は必要となる場合が多いでしょう。

裁判が継続しているという非日常的な状態は、弁護士に依頼したとしても、精神的な負担を感じる方が少なくありません。また、少なくない費用がかかります。そのため、できる限り、裁判になるようなトラブルに発展する前に案件を解決すること、またそのようなトラブルの火種を生じさせないことが重要です。

32

納品完了後に修正を求められた

関連項目 16、36

類似のケース

- 納品完了後に修正対応を行ったので追加料金を請求したい
- 納品完了後に新たな修正依頼がきたが、追加料金をお願いしたい旨を伝えていいかわからない

相談事例

いつまで修正対応しないといけないの!?

Xさんは、Y出版社から書籍のエディトリアルデザインと挿絵の制作依頼を受けました。4回の修正作業を経て、編集のZさんから「完成データをお送りいただいたら、本件は完了になる」と連絡が来ました。すると、完成データを送った3日後にZさんから「最終確認をしたところ2箇所ほど修正対応をしてほしい」と連絡がありました。Xさんは納品済みの認識なので、当然修正してもらえるといったZさんのスタンスに納得できません。

対応策

納品完了後の修正依頼については別契約として交渉する

納品完了後の修正依頼は、従前の契約とは別の新たな

作業依頼となるのが原則です。そのため、修正依頼を受けるかどうかや、受ける場合にサービスとして無料で対応するかなどは本来自由に決められます。

今回はZさんから「完成データを送れば本件は完了」と連絡があったので、完成データを送付した時点で納品は完了したといってよいでしょう。よって、修正依頼を受けるかどうかやその条件は自由に交渉できます。なお、納品完了後の修正が、Xさん側のミスにより発生したものである場合には、無償で対応するのが通常だと思われます。

☑予防策

納品までのフローと納品後の修正は追加料金になることを事前に合意しておこう

今回のケースと異なり、いつ納品が完了したといえるか曖昧なケースも多々あります。こういう事態を防ぐために、事前に「納品までの修正回数は〇回まで。それを超えた修正回数分は別料金とする」「成果物提出後、7日以内に修正依頼がない場合には納品が完了したものとみなし、以降の修正依頼は別料金とする」などと定めたりしておくことが考えられます。こうすることで、納品時までのフローと納品後の修正に追加料金が要ることが明確となります。

ワンポイントアドバイス

修正の追加料金を定めておきつつ、結果として無料で追加の修正対応をすることは自由です。ただ、あくまでそれはサービスだとクライアントにわかってもらうことは、自らのリソースを守るために重要なことです。いずれにしろ、納品までのフローと納品後の修正に追加料金が要ることは明確にしておく方が望ましいでしょう。

33

「なんか思っていたのと違うから減額して」と言われた

関連項目 07

類似のケース

- 「方針が変わり社内で使わなくなったので、減額してもらうことはできないでしょうか?」と言われた
- 「満額支払う余裕がないから減額してくれないか」とお願いされた

相談事例

こんなのありえない要求だと思うんだけどどうなの!?

グラフィックデザイナーのXさんは、Y社の代表であるZさんから会社のロゴデザイン制作の依頼を受け、「ロゴ1点あたり10万円（消費税別）」「デザイン案として3案まで提出」「デザイン案決定後の修正作業は1回まで」という条件の見積書を提示し、Zさんと合意しました。

早速デザイン案を3点作成し提出したところ、Zさんから「どれもイマイチやがB案1択やろ。修正はよろしく頼むで」と言われました。B案をブラッシュアップしましたが、「微妙やなぁ。もっとシュッとした感じに頼むで」と言われました。Xさんはスマートなイメージになるよう修正を加え、最終版を提出しました。すると、Zさんから「正直、この程度で10万は到底払われへんわ。このロゴでいくら請求できるかよく考えてから

請求書を送ってきてや」と返事がありました。Xさんは怒りに震えつつも、あくまでクライアントの依頼に基づく仕事である以上、満足してもらえなかったのなら、減額が必要なのか悩んでいます。

対応策

受注時に合意済の金額については、法的には減額する必要なし

今回のケースでは、案件受注時に明確に金額を記載した見積書を提出のうえ、クライアントの合意も得ています。仮に成果物にクライアントが満足しなかったとしても合意済の報酬について減額をする必要はありません。これは例えばラーメン屋にて注文後「おいしくなかったので減額せよ」といえないのと同じ理屈です。

もっとも、「満足してもらえなかったから、多少減額しようかな」「変にトラブルになっても嫌」などの理由で、サービスで減額する分には構いません。

予防策

金額については受注時に明確に決めておこう

今回のケースと異なり、具体的な金額を合意せずに案件が開始してしまう場合もあるでしょう。納品後に「提示金額では高いから納得できない」と言われてしまうと、なかなか交渉は難しいものです。希望通りの報酬額を請求するためには、案件が開始する前に、見積書や契約書などの書面（少なくとも電子メールなど後から見返せるもの）で具体的な金額を合意しておくことが重要です。

ワンポイントアドバイス

納品完了後に受託者側に責任がないのに減額をさせることは、下請法やフリーランス新法に違反する可能性があります。そのため、35と同様に「下請法やフリーランス新法違反ではないですか？」と指摘することも一案でしょう。

34

やりとりしていた会社と違う会社に請求してくれ、と言われた

関連項目 22

類似のケース

- 請求は関連会社宛にしてくれと言われた
- これは会社ではなく個人として発注したものだから個人宛に請求してくれと言われた

相談事例

これって言われるがままに請求して大丈夫!?

映像クリエイターのXさんは、知り合いが代表を務める映像制作会社のY社から、Y社も含めた3社で構成される「琵琶湖1周ジャズフェスティバル」実行委員会の案件に関して、広告宣伝動画を制作してほしいとの依頼を受けました。

滋賀県の出身であるXさんは、この話に大変やりがいを感じ、早速Xさんを受注者、Y社を発注者として、業務委託契約書を締結しました。その後、無事に広告宣伝動画を完成させ、納品も完了しました。報酬については、一本あたり20万円（消費税別）との合意ができていたため、XさんはY社の担当者に対し、金額と振込口座を記載した請求書を送付しました。

すると、Y社の担当者から、「請求は弊社宛ではなく

て、実行委員会メンバーであるZ社宛にお願いしたい。近日中に担当者から連絡がいくのでよろしく頼む」と言われました。

その後、Z社の担当者からXさん宛に「今回の報酬はこちらで責任をもってお支払いさせていただくので、Y社宛には請求せず、うち宛に請求してほしい。Z社名義の請求書の発行をお願いしたい」とメールが届きました。

Xさんは、「まあ問題なく支払ってもらえるならいいのかな」とは思いながらも、仕事はY社から受けたものなのに、このままZ社宛の請求書を出してよいものか、少し気持ち悪さを感じ悩んでいます。

対応策

いざというときはY社にも請求できるようにしておこう

契約に基づき業務を行った場合の報酬は、当該契約の相手方に請求するのが原則で図5-2のようになります。ただし、今回のケースでは、Y社としては「Z社宛に請求してくれ」と言っており、Z社からも「今後の請求はY社にはせずZ社宛に請求してくれ」と言われています（図5-3）。

仮に、この支払方式を受け入れるとすると、お金がないなどの理由により、Z社からすんなり報酬が支払われないかもしれないというリスクが考えられます。

そこで、Xさんとしては、「一次的にZ社に請求すること自体は構わないが、万が一、Z社から期限通りに報酬が支払われない場合には、Y社の方でお支払いをお願いしたい」という回答をし、Z社から無事に支払

図5-2　通常の請求の流れ

図5-3　今回の請求の流れ

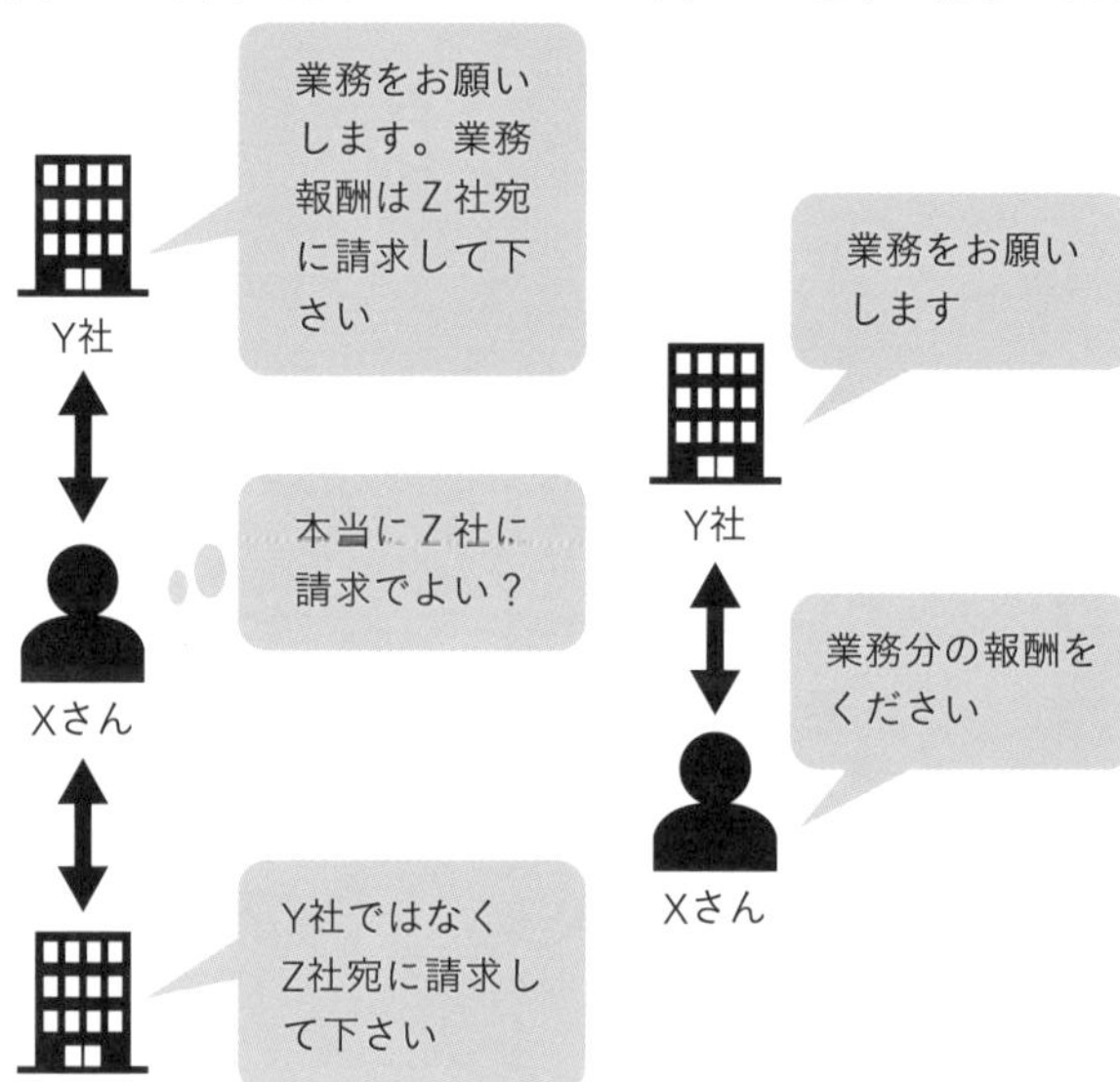

われるまでは、Y社の支払い義務は残り続ける、というスタンスで対応するようにしましょう。例えば、図5-4のようなメールを送っておくとよいでしょう。

予防策　契約の相手方と共に請求先も事前に確認する

今回のケースは、あまり事前に予防しておくといった話ではありません。しかし、関係者が多くいる案件を受ける場合には、そもそも誰からの発注で、誰に報酬請求をすればよいのかがわからなくなることがままあります。

したがって、こうした案件を受ける際は、**あらかじめ契約書などを作成し、契約の当事者関係や請求関係などを整理しておく**のがおすすめです。

図5-4　請求先が異なる場合にリスクヘッジするためのメールの例

From：x@xxmail.co.jp
To：y@xxmail.co.jp
件名：ご請求について

Y社
ご担当者様

いつもお世話になっております。
Xです。

ご請求とご請求書の送付について、Y社さまではなく、
Z社さま宛にとのこと、かしこまりました。

なお、万が一、Z社さまから期限通りに報酬が支払われない場合には、
貴社の方に改めて請求させていただきますので、その際はよろしくお願いいたします。

引き続き、よろしくお願いいたします。

X

ワンポイントアドバイス

今回のケースだと、そもそも依頼を受けた案件自体が複数社が関与している実行委員会に関するものであり、「同じ実行委員会を構成する別の会社に請求してほしい」という話にも、それほど不信感は抱かないようにも思います。しかし、例えば、支払いの段階になって、全く案件と関係ない会社が登場したようなケースだとどうでしょう？　なぜいきなりその会社が出てきたのかといった理由も、その会社が信用できるかどうかもわからず、不安に感じると思います。このような場合は、より慎重に対応することが望ましいといえるでしょう。

35

支払いを先送りにされている

関連項目 26、33

類似のケース

- 資金繰りが厳しいから支払いは少し待ってと言われている
- 社内の支払サイトに従って、支払いは翌々月末にしてほしいと言われた

やーかーらー
まだ
払えないって
言ってるでしょ

相談事例

いつまで支払いを待たないといけないの!?

イラストレーターのXさんは、3月中頃、前職の知り合いであるZさんが代表を務めるデザイン事務所Yから「Y事務所で受注している広告物の制作案件に関し、何点かイラストが必要になるため、Xさんに作成いただけないか?」という依頼を受けました。

そこで、XさんからZさんに対し「イラスト1点あたり5000円(消費税込)」「支払日は納品日が属する月の翌月末日でお願いしたい」という点をメールで伝えたところ、Zさんからは問題ないと返答がありました。

そこから約一カ月後の4月20日に、Xさんはイラスト10点を完成させ、その10点をZさん宛に納品するとともに、5万円の請求書を、支払期限を5月31日と記載したうえで、メールで送付しました。

しかし、5月31日を1週間過ぎても入金が確認できなかったため、Zさんに問い合わせたところ、「Y事務所としても、まだ大元のクライアントから報酬を受領しておらず、6月末には報酬受領予定だから、支払いはもう少し待つように」という旨を告げられました。

Xさんとしては、約束と違うなと思いつつ、ひとまず6月末まで待ちました。しかし、6月末を過ぎても入金が確認できませんでした。そこで再度、Zさんに問い合わせたところ「だから大元のクライアントから入金されたら支払うって言ってるでしょ。こっちもまだ入金されていないのだから、もう少し待って」と言われました。

Xさんは「大元のクライアントからY事務所宛に報酬が支払われているかどうかは、自分とは関係ないのでは?」と思うものの、どう対応してよいか悩んでいます。

対応策

支払期限通りに支払うよう堂々と請求する

今回の件では、案件受注時に明確に支払期限を定めているので、Xさんとしては合意済みの支払期限までに支払うよう請求して何ら問題ありません。

Xさんが納品したイラストに何か問題があったなどの場合はともかく、Y事務所宛に大元のクライアントから報酬の入金があったかどうかは、XさんとY事務所との間の報酬支払い（契約）には関係ありません。

なお、支払いが遅れている分については、法的には遅延利息（遅延損害金）というものも請求することが可能です。特に事前にパーセンテージを合意していない場合の遅延利息は、本書執筆時点では年3パーセントが民法のルールとなります。

また、今回の件と異なり、案件受注時に報酬の支払期限を定めていない場合には、納品と同時に、報酬金額を請求することができるというのが、法律のルールです。「案件受注時に支払期限を定めていなかったから、支払いを先延ばしにされても仕方がない」と思っている方がたまにいますが、そんなことはありません。むしろ、支払期限を定めていない場合には、納品と同時に支払いを請求できることを覚えておきましょう。

予防策

前払金を受領することも検討する

今回の件のように、支払期限を過ぎても任意に支払いがなされない場合には、最終的には裁判などの法的措置をとる必要があります。しかし、この法的措置を弁護士などの専門家に依頼すれば、専門家に支払う費用が必要となります。

また、仮に専門家を使わずご自身で行うにしても相当な時間的・精神的コストがかかります。よって、5万円の未払いに対して、裁判などの法的措置をとることは、通常コスト倒れとなり現実的ではありません。

以上の理屈から、報酬が少額の案件であればあるほど、コストの面から法的措置をとれない可能性が高いため、**報酬のうち一定の金額を受注時に前払いしてもらう**といった選択肢を検討することが現実的な予防策としては重要です。

ワンポイントアドバイス

支払期日までに（支払期日を定めていない場合、納品日から60日以内に）報酬の支払いがなされない場合には、下請法違反に該当する可能性があります。また、2023年4月に新たに成立したフリーランス新法にも違反する可能性もあります。そのため、例えば、「下請法やフリーランス新法に違反していますよ！」と指摘することが交渉の武器になるかもしれません。

第6章

案件終了後のトラブル

36

ミスがあとから発見された

関連項目 16、32

類似のケース

- 誤植があとから発見された
- 作成したWebサイトのバグがあとから発見された

相談事例

案件終了後でも修正しないといけないの!?

Ｗｅｂサイト制作を生業とするＸさんは、健康・美容食品を企画・製造するＹ社から、自社が製造する健康・美容食品を販売するためのＥＣサイトの制作を依頼されました。

Ｘさんは順調にＷｅｂサイトの制作を終え、Ｙ社に納品しました。Ｙ社の検収（納品物の検査）も完了し、Ｙ社からＸさんに対し、当初合意した報酬も支払われ、案件は無事、終了しました。

しかし、その半年後にＹ社から、Ｘさんのもとに「お客様からの問い合わせにより、作成いただいたＷｅｂサイトの商品の紹介文に誤植があることを発見した。また、スマホで見るとＷｅｂサイトの表示が崩れるページがある。これらの点について修正をお願いしたいが、どちらもXさんのミスなので、無償で修正をしてほしい」と連絡がありました。

Xさんは、修正をするのは問題ないものの、「Y社の方で検収もして納品物にOKも出されているのに、本当に当然に無償で修正しないといけないものなのか。表示が崩れるのを修正するのは工数もかかってしまいそうだし、有償対応とできないものか」と、もやもやしています。

対応策

検収完了後であっても、ミスであれば無償で対応が必要

検収完了後であったとしても、合意した仕様通りのWebサイトが制作できていない場合には、無償で修正をする必要があるのが原則となります。

今回のケースでは、「①商品の紹介文の誤植」「②スマホで見るとWebサイトの表示が崩れるページがある（レスポンシブ対応ができていないページがある）」、の2点の不具合がありますが、①は誤植なので、無償で修正する必要があると思われます。ただし、例えば、Y社から提供を受けた資料の中に誤植があるなど、その誤植の原因がY社側にあると思われる場合には、必ずしも無償で修正する必要はないでしょう。
②は、XさんとY社のやりとりの中で、制作するECサイトに関し、レスポンシブ対応することまで合意していたのであれば、レスポンシブ対応していないページがあることは、Xさんのミスとなりますので、無償で修正する必要があるように思われます。

予防策

検収完了後の修正の取り扱いに関し合意しておく

法的には対応策に記載の通りですが、このような事態を回避したい場合には、契約で検収完了後の修正の取り

扱いに関し、合意しておくことが有用です。

例えば、契約書に、「検収完了後の修正については、別途、委託者・受託者で協議のうえ、有償で対応する」といった条文を設けておくことが考えられます。

また、誤植など検収時に明らかに発見できるような不具合については無償で修正する責任を負いたくないという考えもあるでしょう。その場合は、「誤植など検収時に容易に発見し得た不具合については、検収完了後は、受託者は責任を負わない。当該不具合の修正については、受託者は有償で対応する」といった条文を設けることが考えられます。

アフターサービスとして、一定の工数の範囲では無償で対応してもよいが、その範囲を超えるときは、有償対応としたい場合には、「検収完了後の修正については、〇時間分までは無償で対応する。この時間を超える修正については、別途、委託者・受託者で協議のうえ、有償で対応する」といった条文を設けることも考えられます。

以上のように、検収完了後の修正の取り扱いに関し、明確に合意をしておけば、その合意に従い、検収完了後は取り扱われることとなるので、そのような条件を合意することも検討してみてください。

ワンポイントアドバイス

Webサイトの制作では、制作後の運用・保守の責任を誰が負うのか問題となることも多いです。そのため、検収完了後の修正の取り扱いと合わせて、運用・保守の責任を誰が負うのかも明確にしておくのが望ましいでしょう。その場合、運用・保守の責任も負うとするのであれば、別途、運用・保守に関する契約も締結し、運用の中で生じる改修対応の条件なども合意しておくようにしましょう。

よくある契約書条項の見方①

ここではよくある契約書条項のうち、内容が難しかったり、注意が必要とされたりする部分を解説します。

①「甲」と「乙」

契約書では、当事者を表す表現として「甲」「乙」（3人目が出てくるときは「丙」）という用語を用いることが多く、慣れていないと読み間違えることもままあります。このような場合、ソフトの機能を使って「甲」→「私」「乙」→「クライアント」のような形で置換してから契約書チェックを行うとわかりやすくなります。なお、そもそも間違いやすい「甲」「乙」などではなく、「発注者」「受注者」などという表現にしても問題ありません。

②個別契約

「業務委託基本契約書」などタイトルが「基本契約」となっている契約書には、個別契約に関する条項が設けられているかと思います。これは、基本契約において今後の継続的な取引の基本的なルールを定めておき、個別契約において個々の具体的な案件の条件を定める場合の契約手法です。

通常、個別契約の条項中には「基本契約と個別契約とが矛盾する場合には、個別契約が優先する」という旨の規定があり、この場合、基本契約を念入りにチェックしても個別契約でまた上書きされる可能性があるので、個別契約のチェックも都度忘れないように注意しましょう。

③契約不適合責任

納品後の成果物の品質や数量などが契約で合意した内容に適合していない場合には、修正や代替物の引き渡しなどの責任を負う必要があります。これを契約不適合責任といいます。

以降は、155ページに続きます。

37

二次利用（違う媒体への掲載、キャラクター化）されているのを発見した

関連項目 10、39、40

類似のケース

- 納品したイラストが無断で商品化されている
- あるクライアントに納品したイラストが、別の会社のサービスサイトで使われている

相談事例

二次利用料とか請求したいけど、問題ないよね!?

イラストレーターのXさんは、医療系ベンチャーであるY社から、Y社のWebサイトに掲載するためのイラスト作成依頼を受けました。Xさんは「Y社Webサイト掲載用イラスト1点あたり5000円（消費税別）」と記載した見積書をY社宛に提出したところ、Y社からは「それでは弊社サービスを利用しているシーンのイラストを5～10点ほど作成してほしい。点数自体は現在の弊社のWebサイトを見て、ここにイラストがあったらいいのではないかという指摘も含めて、ご提案いただきたい」との返事がありました。

その後、XさんとY社で協議をした結果、合計7点のイラストを制作することになり、Xさんは無事に全てのイラストを納期までに完成させ、報酬の支払いも滞

りなく終了しました。

それから約1年が経過したある日、たまたまYouTubeを見ていると、Y社の製品広告動画が流れてきました。そして、その動画内には、Xさんが作成したイラストが多数使用されていました。

Xさんとしては、広告動画内での使用は認めていない認識だったので、Y社に確認の電話を入れたところ、Y社の担当者からは「広告動画に利用するにあたり別途ご連絡する必要があるとは思っておらず申し訳ない。なお、この流れでお伝えするのは大変申し訳ないのだが、Xさんのイラストは社内で好評で、弊社のイベントの際に無料で配布するノベルティにも既に多数使用させていただいている。二次利用になると思うので、その分のお支払いなど、どのようにするべきか教えていただきたい」と伝えられました。

Xさんとしては、「二次利用料をもらえるのであれば、まずはよかったが、イラストのイメージもあるので、別の媒体などで使用する場合には事前に監修をさせてもらいたい」と思っています。このような要求を全てY社にしてよいのか、法的に当然に要求できるものなのかを含め、Xさんとしては一度しっかり検討したいと思っています。

対応策 二次利用を行う場合には事前の連絡・監修と、二次利用料の支払いが必要である旨を伝える

今回のケースで、Xさんから Y社宛に出した見積書を確認すると、「Y社Webサイト掲載用」としてイラストの制作が合意されているように思われますが、それ以外の利用方法や権利譲渡などについては合意していないと考えられます。

そのため、この見積書の記載以外に二次利用や著作権譲渡などの取り決めが存在していないのであれば、「当該イラストの著作権はXさんに残ったままであり、Xさん

からＹ社に対しては、当該イラストをＹ社Ｗｅｂサイトに掲載するという範囲で利用許諾（ライセンス）を行ったものである」と解釈することは十分可能でしょう。

そこで、Ｘさんとしては、「以前納品したイラストの著作権は譲渡していないこと」「合意したＹ社のＷｅｂサイト掲載以外の目的で利用する場合には、別途、著作権者であるＸさんの許諾がいること」「その際は事前にどの媒体にどういう形で載せるかを連絡のうえ、二次利用料について協議する必要があること」などを改めて伝えるという対応策が考えられます。このような要望は、法的に見ても違和感がないものといえるでしょう。

予防策　事前に権利譲渡の有無、使用範囲などを明確に決めておく

今回のケースは、Ｙ社から「二次利用分の支払いをする」というスタンスで連絡がきているので、Ｘさんとしては一安心ですが、クライアントによっては、「当然、著作権譲渡だと思っていた」「二次利用料が必要とは聞いていない」「イラストをそれ自体として販売して利益を得ているならともかく、Ｗｅｂサイト掲載と同じ宣伝広告目的で使っているだけなのだから、それまで二次利用というのはせこくないか」などとの認識を持っていることも考えられます。

仮にこのように主張された場合には、最初の取引がどういう前提（条件）での取引だったのか、どういう合意があったのか、という点が問題となります。これらの点について、事前に見積書などの書面で明確に認識合わせがなされていれば、クライアント側も争うことはないと思いますが、明確になっていない場合は、前述のような見解の相違が生まれ、トラブルの原因となりえます。

そこで、こうしたトラブルを予防する場合には、次の表に記載するような内容を、見積書などあとから見返せる形で事前に伝え、合意を得ておくことが重要です。な

お、契約書を締結する場合には、契約書に記載するのが一番確実です。

> ① 今回の契約で制作する制作物について、「著作権の譲渡をするのか、著作権の譲渡をせずに利用許諾をするのか」を明確にする。
>
> ② 利用許諾の場合、「利用できる範囲はどこまでなのか」を明確にする。
>
> ③ 利用許諾の場合、「②で定めた範囲を超えて利用する場合には、二次利用となり、利用を希望する媒体、利用態様などを事前にXに連絡のうえ、利用の可否及び二次利用料などにつき協議を行う必要があること」を明確にする。
>
> 【具体的な記載例】
>
> 本件で制作・納品した成果物の著作権はXに帰属するものとします。納品する成果物の利用範囲は、Y社のWebサイトでの利用に限ります。それ以外の媒体・態様で成果物の利用を検討される場合には、別途、利用を希望する媒体、態様などを事前にXに連絡のうえ、利用の可否及び二次利用料などについて合意するものとします。

ワンポイントアドバイス

本文の方では、著作権の話をしましたが、Xさんには著作者人格権という権利も存在します。著作者人格権（氏名表示権）を行使しない旨の合意をしていない限りは、「YouTubeの動画やノベルティに自分の名前をクレジット（表記）してほしい」と言える権利があるので、このことも併せて伝えておくことも考えられます。

38

自分を通さずに追加納品分が勝手に発注されていた

関連項目 37、40

類似のケース

- 納品した部数以上のチラシが無断で印刷され配布されていた
- 印刷用に作成し納品したデータが勝手にインターネット上で公開されていた

相談事例

直発注なんて許せないけど、どういう対応ができるの!?

デザイナーのXさんは、知人から紹介されたYさんから、Yさんが院長を務めるクリニックの宣伝広告チラシの制作依頼を受けました。デザインの方向性や予算、必要部数などを協議のうえ、「A4サイズで100部を納品する」「著作権はXさんに帰属する」「追加の部数が必要な際にはXさんに連絡する」ということで合意しました。

その後、制作したデザインについて、Xさんが手配した印刷会社のZさんを交え、印刷するチラシの色味チェックや、紙質に関する協議を行いました。そして、チラシ100部の印刷も無事終わり、納品まで完了しました。

チラシ納品後、Yさんから「Webサイトのデザインもお願いできるか？」との依頼を受けました。Xさんとしては、次の仕事に繋がったことを嬉しく思い、この依頼を受けました。しかし、予算感やデザインの方向性でYさんと揉めることになり、最終的に、Yさんから「もうXさんとは一緒にやっていけない。Webサイトの件はなかったことにしたい」と告げられました。

それから半年後、別件で、Zさんと話をしていたところ、「そういえば、あのYさんのチラシ、とても気に入ってもらっているようですね。この前も追加印刷依頼がきましたよ」と告げられました。Xさんとしては、そのような話は一切聞いておらず、Zさんに詳細を尋ねたところ、「これまで2回ほど100部ずつ追加印刷の依頼があった」ことがわかりました。

Xさんは、Yさんが勝手に印刷会社に対して追加部数の発注をしていたことが許せず、どう対応していいか悩んでいます。

対応策 著作権侵害として、差止請求と損害賠償（追加使用料）の請求を行う

対応策を検討するにあたっては、まずは、どういう契約内容であったかを確認することが必要です。今回のケースでは、「チラシの著作権はXさんに帰属」と決められているので、Yさんが契約で決められた範囲を超えて、無断でチラシを利用した場合には著作権侵害ということになります。

そのうえで、「追加の部数が必要な際にはXさんに連絡すること」と定められているので、最初に納品を受けた100部を超えて、YさんがXさんに無断で印刷・配布することは著作権侵害になると考えられます。

そこで、Xさんとしては、著作権侵害を理由に、直ちに追加部数のチラシの配布をやめることや、既に配布済の分に関する追加使用料を請求していくことが考えら

れるでしょう。

予防策 著作権の帰属と、追加部数の扱い・連絡フローなどを事前に合意しておく

今回のケースでは、明確に「著作権はXさんに帰属する」「追加の部数が必要な際にはXさんに連絡する」ということが定められていたので、スムーズに今後の対応策が決められましたが、こうした事項について一切決めていなかった場合（例えば、単に「100部納品する」とだけ決めていた場合）、追加部数の印刷について、Yさんが自由に行ってよいのか、印刷会社に直接発注してよいのかなどが、明確にはわかりません。そうすると、Yさんの都合のいいように解釈され、反論の余地を与えることになるので、スムーズに対応策を決めかねる可能性があります。

著作権の帰属は意識することが多いかと思いますが、それだけでなく、特定の部数だけ納品するようなケースでは、追加印刷の際の扱いや、追加印刷もXさんを通さなければならないとする場合にはその際の連絡フローを事前に合意しておくようにしましょう。

ワンポイントアドバイス

今回のように自ら手配した印刷会社に直接発注されていたようなケースを防ぐには、クライアントと合意しておくだけではなく、印刷会社の担当者にも、クライアントとの秘密保持義務に違反しない程度で、追加印刷の際の扱いについて伝えておくことも1つの手です。例えば、「直接、クライアントから追加の印刷依頼などがきた際には、私宛に間違いがないかなどの確認のご連絡をいただけますか？」などとお願いしておくことが考えられ、こうすることで、無断の追加印刷を防げる可能性が高まります。

よくある契約書条項の見方②

本ページは、コラム「よくある契約書条項の見方①」の続きです。未読の方は、147ページも参照してください。

④危険負担

危険負担の条項では、納品すべき成果物が毀損や滅失した場合の責任をどちらが負担するかを定めていることが通常です。多くの場合、納品前はクリエイター側、納品後はクライアント側が責任を負うという内容でしょう。例えば、納品前にデザインデータが消失したような場合には、クリエイター側は改めてデザインを制作し、データを納品すべき義務を負い続けることとなります。

⑤秘密保持義務・保証・解除

これらの条項は、次に示すような一方的な（片務的な）内容になっていることがあるので、注意が必要です。必要に応じて双方が義務を負うように修正しましょう。

- ・クリエイター側が一方的に秘密保持義務を負うことになっている
- ・クリエイター側のみ権利侵害しないことなどを保証させられている
- ・クライアント側にしか解除権がない

⑥専属的合意管轄裁判所

その契約に関する案件について裁判となった場合に、日本のどこの裁判所で行うのかを定めた規定です。

例えば、東京のクリエイターが滋賀のクライアントを訴えようとした場合には、訴えられる側の住所である滋賀の裁判所（大津地方裁判所）で裁判をするのが法律上の原則です。しかし、専属的合意管轄裁判所を東京地方裁判所として合意しておくと、東京地方裁判所で裁判をすることができ、かつ、東京地方裁判所以外では裁判ができなくなります。

39

不採用のデザイン案が勝手に使われていることに気付いた

関連項目 10、29

類似のケース

- 不採用となったデザイン案の商品が勝手に販売されていた
- 「成果物（中間成果物も含む）の著作権は全て譲渡」と記載がある契約書を提示された

相談事例

不採用にしたデザイン案を勝手に使わないで！

グラフィックデザイナーのXさんは、高校の同級生であり、老舗和菓子屋「甘党幕府」を継いだ二代目社長Yさんから、「自社商品を令和の若者たちに刺さるような感じにしていきたい。まずは店舗のロゴが古臭いので、今風のデザインにしたい。今後フランチャイズを目指していきたいから、制作してもらったロゴの著作権は弊社に譲渡してほしい。制作料は10万円（消費税別）でお願いしたい」と、依頼を受けました。

Xさんはこの依頼を受けて、デザイン面に工夫を凝らしたロゴ案としてA・B・Cの3案を制作のうえ、Yさんに提案しました。すると、Yさんから「B案はちょっと攻めすぎかな。A案がよいので、仕上げを頼む」と言われたため、A案をベースにロゴを完成・納品し、無事に制作料の支払いを受けました。

その後、新たなロゴとなった「甘党幕府」は、二代目社長Yさんが手がけた新商品「フルーツきんつば」が大ヒットし、急速に店舗を拡大していきました。そんなある日、XさんがSNSを見ていると、「甘党幕府」の姉妹店であるおかき専門店「辛党幕府」がオープンするという記事が目に入りました。そして、なんと「辛党幕府」のロゴは、以前Xさんが提案したB案の文字をただ変えただけのものでした。

Xさんが急いでYさんに問い合わせたところ、Yさんからは、「あぁ、そうそう。結局B案も使わせてもらうことにした。制作してもらったロゴの著作権は全部弊社が譲り受けているから問題ないと思っている」という回答が返ってきました。

Xさんは「不採用にした案を勝手に使うなんて許せない」と思ったものの、確かに権利譲渡を条件に案件を受けた以上、何も文句が言えない気もしており、どう対応したらよいか悩んでいます。

対応策 不採用案については著作権譲渡の対象ではないと主張する

今回のケースでは、確かに「ロゴの著作権はYさんの会社に譲渡」という話になっていますが、「ロゴは『不採用案も含めて』Yさんの会社に譲渡」とまでの明確な合意が存在しない以上、通常は「『納品した』ロゴの制作料（及び今回のケースだとその著作権譲渡料）として、10万円（消費税別）の対価が支払われた」と考えるのが自然なように思われます。

したがって、Xさんとしては、不採用案であるB案の著作権まで譲渡する合意は成立していないとして、B案の使用を中止してもらうよう請求する、あるいは、B案を使用したことに対する別途の対価を請求する、といった対応をとることが考えられます。

予防策

著作権譲渡の場合その対象を明確にする

著作権の譲渡に関し、今回のケースのように、「不採用案も含め制作したものの全てが著作権譲渡の対象となるのか」、それとも「あくまで納品した成果物に限り著作権譲渡の対象になるのか」が問題となることがままあります。よって、不採用となったデザイン案を著作権譲渡の対象外としたい場合には、著作権の譲渡に関し取り決める文章の中に、「成果物（不採用案・中間成果物は除く）」「成果物（但し、最終的に納品した成果物に限る）」などと記載することがトラブルの予防策として考えられるところです。

なお、例えば、成果物が動画などの場合は、その動画自体の著作権を譲渡する（その動画に含まれる各素材などの著作権はXさんに留保される）という趣旨なのか、それとも、その動画に含まれる各素材の著作権も含めて全て譲渡するという趣旨なのかが問題になることがあります。動画のように成果物に複数の著作物が含まれる場合には、この点も明確にしておくことが望ましいと思われます。

ワンポイントアドバイス

デザイン案を勝手に改変されて使用されたというケースでは、「著作者人格権（同一性保持権）を行使しない」という趣旨の合意をしていない限りは、勝手に改変されたことについて、著作権侵害の主張とは別途、「著作者人格権（同一性保持権）侵害である」ということも主張できます。著作権譲渡が問題となる際には、著作者人格権の不行使が併せて問題になることも多いので、著作権だけでなく、著作者人格権の扱いについても意識できるとよいでしょう。

契約書のひな型を作成・利用する際の注意点

ひな型を作成する際に、インターネットから参考になりそうなものをダウンロードしたり、他の案件でもらったひな型を流用したりする方は多いでしょう。しかし、契約書というのは、概ね、どちらかに有利なように作られています。また全体としては、クリエイター側に有利な内容ですが、ある条項だけクリエイターに非常に不利な内容になっているということもあります。

そのため、『クリエイター向け契約書』とうたってあるからそのまま利用してもよさそう」とか「大企業の契約書だから流用してもきっと変なことにはならないだろう」などと安易に考えては危険です。わざわざ自分にとって不利な契約書を自ら相手方に提示してしまうことがないよう、ひな型を作成する際にはきちんと内容を確認しましょう。

また、「契約書」の交渉には一定のリソースが割かれるということにも留意が必要です。「契約書」という形でクライアントに提示をすると、きちんとした会社であればあるほど、クライアント側の法務部門や弁護士によるリーガルチェックが入り、契約交渉にリソースを割く必要が出てきます。場合によっては弁護士費用などのコストがかかってくるケースもあります。もちろん、自らのひな型からの修正点を見るだけで済むので、クライアントのひな型を利用するよりはリソース・コストがかかりませんが、一定の対応は必要となるでしょう。

そこで、このような場合には、クライアント側のリーガルチェックを受けない可能性がある見積書やメールなどに重要な条件を記載して、クライアント側に送り合意を得るという方法も一案です。もっとも規模が大きい案件や重要な案件などではきちんと契約書を締結するのがおすすめです。

40

案件は無事終了したが当初の想定と異なる使われ方、クレジットがされている

関連項目 37

類似のケース

- 自分が知らないところで納品したイラストが勝手にグッズ化されている
- クレジットから自分の名前が消えている

相談事例

制作者である私の名前が表示されていないってどういうこと!?

イラストレーターのXさんは、Y地方の観光協会であるZ協会の依頼により、ご当地キャラクター「門前小僧くん」を制作しました。「門前小僧くん」は、「Y地方の観光PRのため、Z協会のWebサイトや観光ガイドブックなどにおいてZ協会が利用する予定であること」「著作権自体はXさんに残るものの特に制作費以外に使用料などはもらわないこと」という話になっていました。

それから半年程度が経過したある日、XさんがY地方で行われる夏祭りに行ってみると、「門前小僧くん」のうちわが配られているのを発見しました。そのうちわには、「門前小僧くん」のグッズ販売ブースという記載があり、そのブースにいくと「門前小僧くん」のTシャ

ツ、エコバッグ、バッジ、マグカップといったグッズが有料で販売されており、それぞれのグッズに「©Z協会」というクレジット表示がされていました。

驚いたXさんは直ちにZ協会に問い合わせたところ、「Z協会ではWebサイトにおいて、『門前小僧くん』の利用を希望する団体（ただし所在地がY地方にある団体に限る）から利用申請を受け付けており、Z協会でY地方の振興に繋がるかを審査のうえ、無料で許諾を出しており、今回のグッズ販売もその一環である」との回答がありました。

Xさんは、Z協会が第三者に「門前小僧くん」を使わせたり、有料でのグッズ販売に使われたりすることは想定しておらず、また、何よりクレジット（©表記）がXさんでなくZ協会となっていることが許せず、どう対応したものか悩んでいます。

対応策

契約違反であること及び氏名表示権侵害であることを主張する

今回のケースでは、「①使用範囲」と「②クレジット」の問題の2点が存在します。

まず、①使用範囲は、「Z協会がY地方の観光PRをする」という範囲で合意がされているので、Z協会がさらに別の第三者に利用させることや、観光PR目的ではない有料でのグッズ販売（商用目的）は合意の対象外であり、契約違反であると伝えることが考えられます。合わせて、仮にそのような利用を希望するのであれば、事前にXさんに連絡のうえ、利用の可否及び条件（使用料など）を別途協議する必要がある旨を伝えることも考えられます。

次に、②クレジットは、今回のケースでは、「門前小僧くん」の著作者であるXさんではなく、Z協会の名称がクレジット表示（©表記）されています。著作者（Xさん）は、別途合意をしていない限り、「門前小僧くん」を利用する際には自己の名前を表示するように要求する権利（著作者人格権のうち氏名表示権という権利）を有しています。

よって、Xさんとしては氏名表示権侵害であるとして、直ちにZ協会のクレジットをやめ、自らの名前を表示するよう伝えることが考えられます。

予防策　あらかじめ利用上の注意事項を記載した紙・PDFなどを渡しておく

今回のようなケースを防ぐには、**使用範囲とクレジットについて契約書に明確に記載し、Z協会と認識を合わせておくことが重要です**。もっとも、契約書の表現ではわかりにくかったり、文章で表現しきれない部分もあったりするでしょう。

そのような場合は、イラストの納品と合わせて、イラスト利用にあたっての注意点（Xさんの承諾がないとできない利用方法の例示や、利用にあたってのクレジット表記など守ってほしいこと）をまとめた資料を渡すことがおすすめです（図6-1参照）。

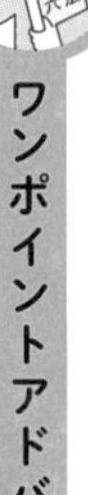

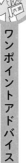

ワンポイントアドバイス

今回のケースでは、納品したイラストがそのまま利用されグッズ化されているケースを想定しましたが、グッズ化などの過程において、勝手にイラストが改変されるといったケースも考えられます。

グッズ化の許諾と、それに伴って改変を許すかどうかは別問題ですが、その点にクライアントの理解が及んでいない場合もありえるので、仮にグッズ化を許諾するような場合には、「グッズ化にあたり勝手に改変することは禁止で、色を変えたり、ポーズを変えたイラストなどがほしい場合には、別途私に依頼すること」と合わせて伝えておくのが安心でしょう。

図6-1 イラスト利用にあたっての注意点の例とそれによって禁止されること

「門前小僧くん」の取り扱いについて

①著作権について
「門前小僧くん」の著作権はXに帰属しているものであり、著作権の譲渡は行っておりません。Xの事前の承諾なく、以下の使用範囲を超えて「門前小僧くん」を使用することは認めておりませんので、ご注意ください。

②使用範囲について
Y地方の観光PRの目的において、Z協会自身が運営するWeb サイト上や、Z協会自身が無償で発行する観光ガイドブック・ポスターにおいて、「門前小僧くん」を掲載していただくことが可能です。ただし、次の④の通り、無断で改変したうえでの掲載行為は認めておりませんので、ご注意ください。

また「門前小僧くん」を用いたグッズ・製品等を製造し、販売（無償配布を含む）することや、第三者にその使用を許諾することなどは認めていませんので、そのような使用を希望する場合は、事前にご相談ください。

③クレジット表記について
「門前小僧くん」を使用する際には、必ず「©X」との表示をお願いいたします。

④新規イラストについて
「門前小僧くん」のイメージ保持のため、改変は一切認めておりません。「門前小僧くん」の新規イラストが必要な場合は、ご相談ください。

⑤NGな使用方法
「門前小僧くん」のイメージ保持のため、以下のような使用は禁止します。
・特定の商品をPR、広告していると受け取られるような使用をすること
・お酒、タバコなど年齢制限がある物品とともに使用すること、その他、公序良俗に反するような使用をすること

以上を遵守のうえ、データをご使用ください。

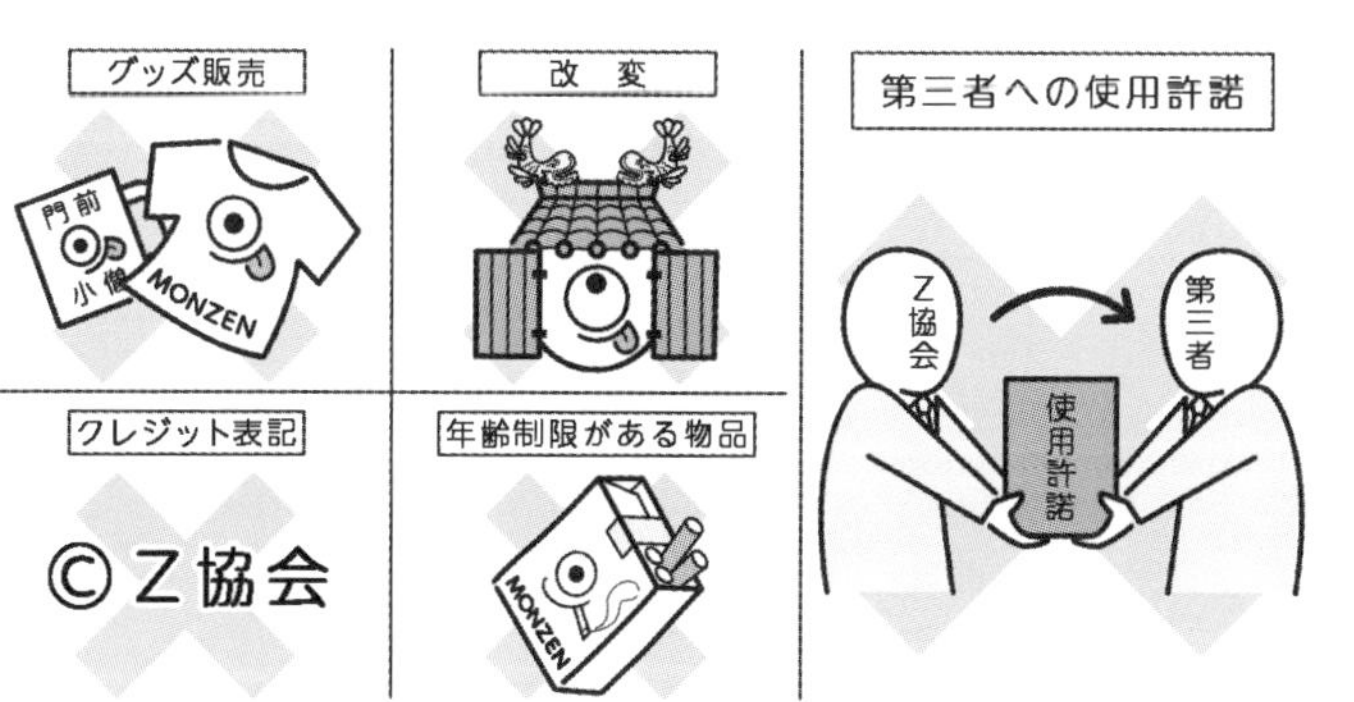

41

クライアントと揉め、過去の作品のデータ・著作権譲渡を要求されている

関連項目 10、31

類似のケース

- クライアントと関係が悪化したことをきっかけに、編集可能なデータを渡すように求められている
- 案件終了時に、自分に不利な内容が書いてある合意書にサインを求められた

相談事例

要求通りに全部渡さないといけないの!?

デザイナーのXさんは、スポーツジムを経営するY社の代表と異業種交流会で出会ったことをきっかけに、長年にわたり、Y社の広告宣伝物の企画・制作やWebサイト、各種ロゴの制作などデザイン関係業務を継続的に受注してきました。

受注にあたっては、特段、契約書などは作成せず、業務依頼ごとに見積金額だけを記載した見積書を提出することで案件を進めてきました。

そうした中、ある案件でY社の代表とデザイン方針や報酬金額の件で揉めたことをきっかけに、XさんとY社との関係性が悪くなりました。その後も、Y社の案件は続きましたが、Y社の代表から不合理なクレームを受けることも増え、Xさんとしてはこれ以上、Y

社の案件を受け続けることはできないと判断しました。

そこで、XさんからY社の代表に対し、「いま受注している案件を最後に、今後はY社の案件は一切受けないので、以降は別のデザイナーに頼むなどしてください」と連絡しました。

すると、Y社から「今後案件を受けないのはいいが、過去、弊社の案件でXさんが制作したものの権利は全てY社にあることを確認する合意書に判子を押してからやめてくれ。また、弊社の案件で制作した制作物のデータについても、編集可能な状態で全て渡すように」と告げられました。

Xさんは、法的に全て断れるのであれば断りたいものの、継続的に案件を受けていたこともあり、何かしらは対応しなければならないものかと悩んでいます。

対応策

原則として合意書の作成にもデータの引き渡しにも応じる必要はない

今回のケースで、Y社の代表は、「①Y社の案件でこれまでにXさんが制作したものの権利(著作権)が全てY社にあることの確認」と「②制作物のデータ(編集可能なデータ)の譲渡」を求めてきています。

①については、案件受注時やそれ以外のタイミングで権利譲渡の合意を図6-2のようにしていないのであれば、法的には、Xさんに著作権が帰属しているものと思われます。Xさんとしては今後Y社の案件を受注しないことを決めたわけですが、あえてその時点で、これまでの案件に関する制作物の著作権を全てY社に帰属させるかのような合意をする必要はありませんし、そのような義務もないでしょう。もし、Xさんとして、条件次第では権利譲渡に応じる余地があるのであれば、譲

渡対価などについて、きちんと交渉し、納得できる条件で合意ができる場合に限り、合意書の締結に応じるようにすればよいでしょう。

また、②についても同様で、従前のやりとりにおいて、編集可能なデータの譲渡まで図6－3のように合意していないのであれば、この時点で追加で、編集可能なデータを提供する必要はありません。②についても、もしXさんとして、条件次第では編集可能なデータの提供に応じる余地があるのであれば、その対価などを交渉のうえ、こちらも納得できる条件で合意ができる場合に限り、データ提供に応じるようにすればよいでしょう。

今回のケースのように、関係性が悪化したことなどをきっかけに、クライアントが、これまで主張してこなかったような理不尽な要求をしてくることは少なくありません。これらの要求の中には、著作権譲渡や競業避止など、将来の創作活動に影響を与えうるものが含まれている可能性も大いにあるので、早く関係性を切りたいがあまりに安易に要求をのむようなことはせず、知人や専門家に相談したりして、一度、冷静になってから対応するようにしましょう。

予防策 無断で改変し利用することは禁止する旨を伝えておく

Y社が今回のケースのような要望を出してくるということは、Xさんがこれまで Y社の案件で納品してきた制作物を、他のデザイナーなどに編集可能データとともに渡し、自由に使おうと考えているからと思われます。

そこで、対応策記載の合意をしないのであれば、今後のトラブルを予防するという観点からは、「これまでに制作した制作物はいずれも権利譲渡などは行っておらず、私（Xさん）の事前の同意なく改変したり二次利用したりする場合には、著作権侵害になる」旨を牽制として伝えておくことが1つ考えられるでしょう。

なお、このような牽制ができるのも、図6－2のような権利譲渡や、図6－3のような編集可能なデータ納品を約束していない場合です。

図6-2　権利譲渡と著作者人格権不行使を合意している例

1. 本件成果物に関する著作権（著作権法27条及び28条の権利を含む）その他一切の権利については、納品完了時に乙から甲に移転する。
2. 乙は、甲または甲が指定する第三者による本件成果物の利用に対し著作者人格権を行使しない。

図6-3　編集可能なデータの納品と自由に成果物を改変可能であることを合意している例

1. 乙は、甲に対し、本件成果物のデータを、甲が編集できる状態で、納品しなければならない。
2. 甲は、乙の承諾なく、本件成果物に編集等の改変を行ったうえで利用することができる。

これらの約束をしていた場合には、過去の成果物が自由に利用されることを防ぐことは通常は困難なので、権利譲渡やデータ納品に関する条件の記載がないか、記載がある場合はどのような条件になっているかは、合意する前によく確認・検討しましょう。

ワンポイントアドバイス

契約書の著作権譲渡の条文に、よく「著作権法27条及び28条の権利を含む」という記載がされているのを見るかと思います。これは、著作権法において、著作権のうちこの2つの権利については、単に著作権譲渡と記載するだけでは譲渡されない（譲渡者に権利が残る）ものと推定する、とされているからです。27条と28条の権利とは具体的には著作物に変更などを加えて別の著作物をつくることに関する権利ですが、渡された契約書に著作権譲渡の記載がある場合には、この2つの権利について特別に記載されていないかも確認してみましょう。

42

案件終了後、「競合他社の案件を受けない」と約束するよう求められている

関連項目 8、55

類似のケース

- 案件終了時に自らに不利な内容が書かれた覚書を提示されたがどうしてよいかわからない
- 案件終了時に秘密保持の誓約書にサインをするよう言われている

相談事例

そもそも競合案件って何!?

フリーランスのデザイナーとして活動しているXさんは、有名化粧品会社Y社から、長年にわたりデザイン案件を受注してきました。昨年、Y社の担当者がZさんに変更となりましたが、XさんはZさんと相性が悪く、Xさんはこれ以上、Y社の案件を続けられないと思うに至りました。

そこで、Zさんに対し、「自らの業務体制の変更に伴い、今後、Y社の案件を対応することは難しそうである。よって、いま受注している案件を最後にしたい」旨の連絡をしました。すると、Zさんから「取引を中止することは了解した。長年、Y社に携わっていただいたこともあり、今後、競合他社の案件を受注されると困る。取引中止にあたっては、合意書にサインしてほし

い」と言われ、「〇年〇月〇日以降、5年間、Y社と競合する事業者からデザイン業務を受注してはならない」という記載がある合意書を提示されました。

Xさんは、化粧品会社からの案件を受注する予定はなかったことから、合意書にサインしてもよいかなと思っています。しかし、5年間と期間が長いこともあり、「何か自分にとって不利益なことがないのか」「果たしてどこまでが競合案件なのか」「今後の活動において大きな制約をうけることになってしまうのではないか」と、不安に思っています。

対応策

どのような合意をすることになるのかを慎重に検討する

案件終了後にも影響するような事項を合意する場合には、その慎重な検討が必要です。今回のケースでは、「〇年〇月〇日以降、5年間、Y社と競合する事業者からデザイン業務を受注してはならない」との内容が提示されており、この内容が自分の今後のビジネスにどの程度、影響を及ぼすのかを慎重に検討することが重要です。

5年間という期間は明確なので、今回の検討ポイントは、「Y社と競合する事業者が何か」という点です。

通常、競合とは、同種の事業を展開している場合や、同じ市場で顧客を取り合う関係にあるといえるような場合を指すと考えられます。Y社は化粧品製造・販売事業を行っていると考えられるので、この事業と同種であるか、または、この事業に関し、同じ市場で顧客を取り合う関係にあるような事業を行っている事業者であれば受注禁止の対象となる可能性があります。

よって、「パックや化粧水など美容製品を製造販売している事業者であればどうか」「美容サロンを経営する事業者ならどうか」など、同じ市場で顧客を取り合うことになるのかに関して、判断に迷うケースも出てくるでしょう。

そのため、「化粧品会社から案件を受注する予定はないからサインしても問題ない」と安易に考えることは、将来の事業活動を制約するかもしれず危険です。今回の合意書の締結にあたっては、前述のような検討を行ったうえで、自分が合意できる範囲を明確にし、Y社と交渉するのがよいでしょう。

予防策 案件終了時に提示される合意書は原則としてサインする必要はない

「自分が合意できる範囲を明確にし、Y社と交渉するのがよい」と対応策で記載しましたが、案件終了時に「以降Y社と競合する他社の案件を受注しない」旨の合意書などを新たに締結する必要はありませんし、通常そのような義務もないと考えられます。

そのため、交渉においては、Xさんに優位性がありますので、「Y社が譲歩しないのであれば自分は締結しなくても構わないんだ」といったスタンスで臨むことも考えられます。

ワンポイントアドバイス

「競合他社の案件を受注しない」旨の合意書に限らず、案件終了時に後出し的に出される合意書の類は、原則としてサインする必要はありません。特に自らに不利と思われる内容が入っていた場合には、毅然とした態度で交渉し、安易にサインしないようにしましょう。

第 7 章

思わぬ
トラブルの火種

43

パクり被害にあったので、ネットで経緯と注意喚起を公開したい

関連項目 44

類似のケース

- 自作のイラストが無断で他のSNSに転載されていた
- 自作のデザインをパクった企業名を公表してインターネット上で炎上させたい

相談事例

ひどい企業の実態を世に知らしめたいけどダメなの!?

イラストレーターのXさんは、SNSでオリジナルのキャラクターを公開しています。ある日、SNSのDMで、とある人物から、「XさんのキャラクターとそっくりなキャラクターをあしらったTシャツが販売されている」と、教えてもらいました。

Xさんが早速、そのTシャツのECサイトを見てみると、確かに自分のキャラクターと酷似したキャラクターがあしらわれたTシャツが販売されていました。Tシャツの販売は、最近開始されたようであり、Xさんの方が先にキャラクターを制作していたことは明らかでした。

Xさんは、当該Tシャツの販売元である大手アパレル企業のY社に対し、Tシャツが作成された経緯の説

明を求めました。また、同時に、「すぐにTシャツの販売を中止すること」「もし中止できないのであれば、使用料を支払うように」と連絡をしました。

しかし、Y社からは、「制作の経緯を確認したが、Xさんのキャラクターを参考にした事実はなく、たまたま似ただけである。また、Xさんのキャラクターとは複数の相違点があり、著作権を侵害するものではないので、販売の中止も使用料の支払いもできない」と連絡がありました。

Xさんは、弁護士に相談し、著作権侵害訴訟の提起を依頼する予定ですが、不誠実な対応をするY社に怒りが込み上げてきています。Xさんは、「Y社のこのような態度からして、自分と同じような被害に遭っている人がいるかもしれない」と思い、Y社が平気で著作権侵害を行う企業であることを世間に知らしめ注意喚起すべく、これまでのY社とのやりとりをSNSで公開しようと思っています。

対応策

名誉毀損にならないよう注意しよう

Xさんの気持ちはわかりますが、今回のケースで、行動に起こしてしまうと、Y社から名誉毀損で訴えられる可能性があるので注意が必要です。「真実を公開して何が悪いの?」と思うかもしれませんが、法的にY社がXさんの著作権を侵害しているのかは最終的に裁判にならないと判断できません。本当に偶然似てしまっただけの可能性もあります。

また、シンプルなキャラクターデザインであれば、著作権が発生しない、または、少しの相違だけで著作権侵害ではなくなる可能性もあります。著作権侵害かどうかは専門家でも判断に迷う場合もあり、安易に著作権侵害を前提として企業名や経緯などを公開してしまうと、名誉毀損になってしまう可能性があるのです。

仮に、著作権侵害が真実であったとしても、それによりY社の社会的評価が低下するのであれば、名誉毀損になる可能性があります。というのも、名誉毀損は、事実を指摘して人の名誉を傷つけた（社会的評価を低下させた）場合に成立し、指摘した事実が真実であるか虚偽であるかは問いません。そのため、仮に真実の情報であっても、ある事実を広く知らしめることで、特定の人や企業などの社会的評価を低下させた場合には、名誉毀損の問題となります。ちなみに、事実を指摘するだけにとどまらず、人格を非難するような言動を行った場合には、名誉毀損だけでなく、別途、人格権の侵害も問題となります。

なお、事実の指摘が真実の場合は、例外的に、公表事項の公共性や目的の公益性があれば、名誉毀損にならない可能性があります。しかし、それらは法的評価を含むものであるため、例えば、政治家の不正を告発するといった公共性・公益性が明らかに認められると思われる場合などを除き、その判断は困難な場合も多いです。よって、弁護士などの専門家に相談することなく、安易に問題ないと判断するのは避けた方がよいでしょう。

また、XさんとY社のやりとりは公開が想定されていないものであり、仮に名誉毀損にはならないケースでも、一方的に公開することでトラブルが無用に拡大してしまう可能性もあります。SNSで公開したいというXさんの気持ちはわかりますが、まずは速やかに著作権侵害訴訟を行うことが選択肢として考えられるでしょう。

なお、DMでパクりが疑われる旨を教えてくれた方などに経緯などを伝えたいといったケースもあるでしょう。そのような場合、例えば、「本件については弁護士に依頼して対応を検討中です」といった程度であれば、基本的には連絡しても名誉毀損といった問題にならないと思われます。

予防策

制作過程などの証拠を残しておこう

今回のようなパクリ被害については、巻き込み事故のようなもので、残念ながら基本的に予防できるようなものではありません。強いて言えば、ＳＮＳで自らの作品を公開する際に自分のクレジットを透かしで入れておくといった対応は考えられるかもしれません。また、プロフィール欄などに「勝手に使用しないでください。無断使用が判明した場合には法的手段を検討します」といった注意書きを記載しておくのも抑止力として働く可能性はあります。

なお、パクリ被害にあった際の著作権侵害訴訟などに備えるために、普段から証拠となるようなものを可能な範囲で意識的に収集しておくとよいでしょう。例えば、制作の際の制作ノートを残しておく、パクリが疑われる相手方とのやりとりが電話などの後に残らない方法で行われる場合には録音などをしておく、などの対応が考えられます。

ワンポイントアドバイス

本文では、民事事件の話をしましたが、人や企業の名誉・社会的評価を毀損した場合には、名誉毀損罪や侮辱罪という刑事上の問題にもなりえます。その観点からも、対応策の検討にあたっては、より慎重な検討が求められるでしょう。

44

著作権・商標権侵害の警告を受けた

関連項目 第9章、第10章

類似のケース

- 弁護士から内容証明郵便が届いた
- 裁判所から書面が届いた

相談事例

応援のつもりだったのに……

ハンドメイド作家のXさんはY社のブランドの大ファンです。そのブランドの特徴的なデザインを利用した商品や、使い古した商品や包装紙をリメイクしてそのブランドロゴが入った別の商品として販売していました。すると、Y社から「Y社が保有する著作権及び商標権を侵害している」として商品の販売中止と損害賠償を求める書面が届きました。Xさんは、趣味の一環かつブランドを応援しているつもりだったので困惑しています。

対応策

まずは弁護士に相談しよう

著作権や商標権の侵害を理由に、販売の中止や損害賠償を求める書面が届いた場合には、迅速に対応しましょう。このような書面を放置して得をすることは全くありません。なお、Y社の書面はY社の主張が記載されているだけです。全てが法的に正しいとは限らず、反論できる可能性も大いにあります。その観点からも、まずは弁護士に相談するのがおすすめです。

なお、書面は今回のように会社またはその代理人弁護士の法律事務所から届く場合だけでなく、裁判所から届く場合もあります。後者の場合、放置するとより致命的なことになりかねません。なぜなら、訴えられた側が裁判に出頭しなかった場合、訴えた側の言い分がそのまま判決として確定してしまうこともあるからです。判決の確定後に、あとから自らの言い分を法的に実現することは不可能に近いので、裁判所から書面が届いたら、直ちに弁護士に相談しましょう。

予防策

創作活動をするうえで最低限必要な知識を身につけよう

クリエイターとして創作活動をする以上、やはり最低限の知的財産権の知識を持っておくことが必要です。「趣味の一環だった」「ブランドを応援するための活動で、権利侵害の意図はなかった」と言っても、残念ながら、権利侵害を否定する事情にはほとんどなりません。

ワンポイントアドバイス

制作活動の段階で事前に弁護士に相談すれば、検討している商品案の権利侵害及びそれに基づく損害賠償リスク、より権利侵害リスクが低い商品・デザインの代替案のアドバイスなどを受けることも可能です。トラブル段階だけでなく、日々の制作活動の段階からも弁護士相談が可能だと、ぜひ頭の片隅に入れておいてください。

45

自分の作品が転載されているのを発見した

関連項目 43

類似のケース

- ブログで公開していた記事とそっくりな記事が無断で転載されている
- 自分のイラストが勝手にSNS上で使用されている

相談事例

パクリ記事を何とかしたいけど、どうすればいいの!?

ライターのXさんは、化粧品メーカーのY社の依頼を受け、Y社のWebサイトに掲載するための商品の宣伝広告記事を執筆して納品しました。納品した記事の著作権は、Xさんに帰属したままであるとされていました。

ある日、Y社から「納品してもらった記事と酷似する記事が別企業の運営するアフィリエイトサイトに掲載されていた。この記事は、Xさんが執筆したものか?」と問い合わせがありました。Xさんが当該サイトを確認したところ、確かに自分が執筆した記事とタイトルや構成が完全に一致しており、また具体的な文章についてもコピペしたと思われる部分が多数確認できました。また、記事の執筆者を確認すると、自分のクレジット表記や出典の表示もなく、当該アフィリエイトサイトを運営する企業が執筆者として表示されていました。

Y社から納品した記事の転載疑惑をかけられたこともあり、Xさんはそのアフィリエイトサイトに対し、記事の削除を含め、法的対応を検討しています。

対応策 著作権侵害の有無と実際に取り得る手段を検討する

まずは著作権侵害の有無を確認しましょう。仮に、著作権侵害が成立する場合には、記事の削除と損害賠償請求などをすることが可能です。今回のような無断転載に関して、著作権侵害が成立するには「①類似性」「②依拠性」の2つの要件をどちらも充たす必要があります。

今回のケースにおける①類似性とは「Xさんの記事とアフィリエイトサイトの記事が類似していること」をいいます。著作権法上、どういった要素がどの程度似ていた場合に著作権侵害といえるかがポイントです。過去の裁判例からすると「表現上の本質的特徴（創作的表現部分）」が類似していた場合はアウトとされますが、これは判断が難しいです。よって、「類似していたとしてもセーフな要素は何か」を理解しておくことも有用です。

類似していてもセーフな部分とは、著作権が発生しないとされている要素です。すなわち、アイデアや着想、単なる事実や数字上のデータ、ごく短いタイトルや名称、ありふれた表現など、著作物（創作的表現）とはいえない要素を指します。2つの作品を見比べた際に、著作物とはいえない要素のみが共通していたら、著作権侵害の①類似性の要件は充たさないことになります。

いずれにしても、「どの要素がどの程度類似していれば、類似性を充たすか」は専門的な判断を含むので、著作権法に詳しい弁護士に相談することが安心でしょう。

次に、②依拠性についてです。これは既存の作品を見たり聞いたりしたことがあるかどうかがポイントです。例えば、既存の作品を全く知らずに、たまたまその作品とそっくりなものを制作したとしても、ここでいう依拠性は充たさず著作権侵害にはなりません。

今回のケースでは、アフィリエイトサイトの記事の執筆者がXさんの記事を見たうえで執筆したといえるかが重要です。アフィリエイト記事の執筆者がXさんの記事を参考にしたと認めない場合には、タイトルや構成、多数のコピペ部分があるなど「参考にしていなければありえないほど似ている」点や「同種のテーマのWeb検索をすれば、検索結果上位にXさんの記事が出てくるため、執筆にあたり当然目にしていたはずだ」など、様々な要素を取り上げ主張することになります。

①類似性と②依拠性を充たした場合でも、Xさんが著作権侵害を主張するには、侵害されたと主張する作品に関する著作権をXさん自ら保有していることが必要です。例えば、XさんがY社に記事を提供するにあたり、記事の著作権をY社に譲渡している場合、Y社が著作権者になるので、著作権侵害を主張できるのは原則Y社であり、著作権侵害に基づく損害賠償請求をできるのもY社です。ただし、記事の著作者であるXさんは著作者人格権侵害を主張できる余地があります。

次に実際に取り得る手段を解説します。著作権侵害が十分主張できるという判断となった場合には、アフィリエイトサイトの運営者側への連絡が考えられます。この場合「㋐Webサイトの問い合わせ窓口から連絡する」「㋑運営会社宛に内容証明郵便を送付する」などの手段があり、それぞれに関し「a自分でやる」「b弁護士に依頼する」選択肢があります。いずれも法的な効果は変わりませんが、筆者の経験からすると次の順でアフィリエイトサイト側から適切なリアクションがあると予想されます。費用対効果を見ながら、どの手法で連絡をするのがよいか、検討しましょう。

①㋑内容証明×b弁護士⬇②㋐問い合わせ窓口×b弁護士⬇③㋑内容証明×a自分⬇④㋐問い合わせ窓口×a自分

他にも、「プロバイダに対して著作権侵害に基づく削除要請を行う」「Ｇｏｏｇｌｅに対してＤＭＣＡ申請をする」など様々な対応策がありえます。この点は、文化庁による『インターネット上の海賊版による著作権侵害対策情報ポータルサイト』内の「初めての『削除要請』ガイドブック」などに有益な情報が掲載されています。

予防策　無断転載をされた場合に備えた対策を仕込んでおく

今回の件は巻き込み事故のようなもので、なかなか予防は難しいです。しかし、画像の場合は、インターネット上で公開する際にはウォーターマーク（透かし）を入れておくことが考えられるでしょう。文章などのケースでは、あえて一部に誤字や通常ではみられない特徴的な表現を入れておくことで、コピペされた際に依拠性を立証しやすいようにしておく方法などが一応あります。ただ、誤字などは記事のクオリティを下げますので、クライアントに納品する案件で、そのような対策をできるかは、協議が必要でしょう。

ワンポイントアドバイス

今回は、著作権侵害に基づき記事の削除を求めるケースを解説しましたが、「転載するのは構わないが、クレジット表記をしてもらいたい」場合もあるかもしれません。この場合、著作者人格権（氏名表示権）に従ってクレジット表記をするよう請求することが可能です。なお、著作権と異なり、著作者人格権はＹ社に譲渡することはできません。Ｙ社との契約書において第三者に対する著作者人格権の行使に対して特別の制限などが存在しない限り、Ｘさん単独で請求することが可能です。

46

納品後にストックサイトの利用規約に違反していることがわかった

関連項目 17

類似のケース

- 商用利用禁止のフリー素材を商用利用していたことが発覚した
- ストックサイトから規約違反の通知が届いた

相談事例

納品した成果物で、利用規約違反をしていた!?

デザイナーのXさんは、Y社からチラシの制作を受注し、Y社の許可のもと、ストックサイトのフリー素材を使ってチラシを作成・納品しました。その半年後、XさんはZ社からチラシの制作を受注しました。今回もフリー素材を利用しようと思い、Z社に許可を求めたところ、「素材によっては商用利用ができないものがあるので注意してほしい」と返事がきました。

Xさんは、フリー素材は無料で自由に利用できると思っていたため、慌てて以前利用したストックサイトを確認したところ、商用利用が禁止されていることが発覚しました。Z社の案件は、フリー素材の使用をやめればよいものの、Y社の案件は既に納品済みであり、どうすればよいか困っています。

対応策

クライアントに正直に話をする

何とかY社に知られずに穏便に済ませたいと思うかもしれません。しかし、このままではY社が規約違反をしている状態となり、Y社に迷惑が掛かりかねません。まずは、正直に話をしましょう。そのうえで、違うストックサイトの素材や描き下ろしイラストを用いて納品したチラシを修正することになるでしょう。こうした追加対応にかかる費用をどちらが負担するかについても、Y社と話し合う必要があります。

予防策

「フリー素材」を正しく理解しよう

利用条件や注意事項はストックサイトによって異なります。一般的に「フリー素材を提供している」と広く認識されているサイトでも、完全にフリー（無料）ではない場合もよくあります。利用規約・注意事項は怠らずに確認しましょう。

ワンポイントアドバイス

例えば、フリー素材の利用条件には次のパターンがあります。

① 無料で自由に利用可能（制限なし）
② 無料で利用可能。ただし、商用利用は不可
③ 無料で利用可能。ただし、自社利用に限り、クライアントワークにおいて利用することは不可
④ 制作物ごとに〇点まで無料で利用可能。それ以上の利用の場合は、ライセンス料の支払いが必要

フリー素材の意味については、83ページのコラムも参考にしてください。

47

炎上案件を見て、「自分の過去の成果物は大丈夫か？」と心配になった

関連項目 第9章、第10章

類似のケース

- SNSでの炎上案件を見て、自分の過去の作品も炎上しないか心配
- 過去の納品物が炎上してクライアントに迷惑をかけないか不安

相談事例

過去に制作したあのロゴは著作権侵害!?

以前、デザイナーのXさんは、ベンチャー企業Y社の新サービスのロゴを制作した際に、他のサービスのロゴを参考にしました。

ある日、海外のメーカーのロゴと酷似していると、とあるアーティストのロゴを手掛けたデザイナーが炎上しました。Y社のロゴと参考にしたロゴも似ているように感じ、「何か問題にならないか」と、Xさんは心配しています。

対応策

「法的に問題がない＝炎上しない」ではない

最近は、必ずしも法的な問題のないケースでも、炎上

している事例がまま見受けられます。例えば、著作権が発生しないようなシンプルなデザインを参考にしても、著作権侵害となることはまず考えられません。

また、商標権は取得時に指定された商品・役務の範囲でのみ効力が発生します。つまり、今回の炎上の例では、メーカーが自社のロゴに対し、製造業の範囲でのみ商標権を取得していたなら、アーティスト業に対しては効力が及ばないと考えられます。ただ、仮にXさんの制作したロゴに著作権侵害などの問題がある場合には、差し止め・損害賠償といった法的問題になります。Y社に法的にも迷惑がかかるので、弁護士に相談して制作物が権利を侵害していないかを判断してもらうとよいでしょう。

予防策

画像検索などで似たデザインがないか確認しておこう

世界中で様々なデザインが制作されている中で、過度に炎上をおそれて似ているデザインを必要以上に避けようとすれば、創作の幅がどんどん狭まってしまいます。その一方で、炎上はときにはクリエイター人生に致命的なダメージを与えます。特に多くの人目に触れうるデザインに関しては、制作する中で、インターネットの画像検索などで類似のものがないかチェックをしておくのも手です。

ワンポイントアドバイス

制作にあたって、他の制作物を参考にすることはよくあることで、悪いことではありません。しかし、1つの制作物のみを参考にすると、どうしてもそれと類似してしまう可能性があり、権利侵害・炎上のリスクが高まります。制作時には複数の制作物を参考にすることがおすすめです。

48

他人の作品をパクったと誤解され、SNSに大量の誹謗中傷が届いている

関連項目 47

類似のケース

- 制作したロゴが見たことない海外アーティストの作品に類似しているとして炎上した
- 制作した広告物がハラスメントを助長するとして炎上した

相談事例

なんで私が叩かれなきゃいけないの!?

イラストレーターのXさんは、SNSでオリジナルのキャラクターを公開していました。ある日、VTuberのYさんから、「Xさんが公開しているキャラクターを自身のアバターとして使用させてもらえないか」と、連絡がありました。Xさんは、趣味の範囲内でキャラクターを制作・公開しており、商用利用は想定していなかったことから、Yさんの依頼を断りました。

それから数カ月後、Yさんのアバターとして自分のキャラクターと酷似するキャラクターが利用されているのを発見しました。Xさんは、すぐに使用を中止するようYさんに連絡をしましたが、Yさんからは、「Xさんに断られたので、表情や髪の色、服装などを変え、こちらで新たにキャラクターを制作した。Xさんのキャ

ラクターとは表情や髪の色、服装などが違っていて、Xさんの著作権を侵害するものでもない。よって、使用を中止することはできない」と返信がありました。

また、Yさんが自身のアバターをオリジナルと公表していることから、Yさんのファンの間で、Xさんのキャラクターが Yさんのアバターのパクリであるという誤解が広まってしまっていて、SNSやDMで多数の誹謗中傷がなされている状況です。Xさんは、SNSでの攻撃に疲弊して、どのように対処すべきか困っています。

対応策

まずは落ち着いて冷静に対応しよう

Xさんを誹謗中傷している人物を特定する手段として、発信者情報開示請求などが考えられますが、SNSやDMで多くの人物から誹謗中傷をされ、炎上している現状自体を改善する効果はあまり期待できないかもしれません。

SNSで「あまりにひどい誹謗中傷に対しては、弁護士に依頼のうえ法的対応をしていきます」といった内容を発信すれば、誹謗中傷に対する一定の抑止効果があるかもしれません。ただ、そのような対応も一案ですが、炎上している状況では、のれんに腕押しの可能性もあります。

他にも、自分がYさんの作品をパクったわけではないと経緯を説明することも考えられます。そうすることで、一定程度Xさんに問題がないという情報も同時に広がり、一方的な炎上は防げるかもしれませんが、注意しないと、Yさんから名誉毀損で逆に訴えられる可能性があるので発信内容には注意が必要です（43参照）。この場合、Yさんとのやりとりに言及することなく、「自らがいつからどのようなキャラクターを公開していたのか」を公開する程度であれば、名誉毀損にはならないでしょう。

対応策としては、これらの方法を組み合わせながら、炎上が収まる方法を模索するのがよいでしょう。このような場合にやってはいけないことの1つが感情的になって発信することです。売り言葉に買い言葉のような形で、よりトラブルが大きくなり、また、そのようなやりとりを第三者が見て面白がることで、余計に炎上する可能性が高いためです。専門家でなくても問題ないので、SNSなどで発信をする場合には、客観的に状況を把握できる知人などに相談しながら行うようにしましょう。

予防策

制作過程を残しておく

今回の件は、巻き込み事故のようなもので、Xさんの一連の対応に非はありません。よって、予防というのはできないでしょう。

なお、自分がYさんの作品をパクったものではないことの経緯の説明のためには、普段から制作の過程などの証拠となるようなものを収集しておくことが有用です。

ワンポイントアドバイス

相手方とのやりとりなどを証拠として残すという観点では、SNSのDMやチャットでのやりとりは注意が必要です。一見、テキストで残っているので安心なように思えますが、あとから修正・削除ができたり、また、グループチャットの場合はグループから退会させられたら会話が見られなくなったりしてしまいます。少しでもトラブルの匂いを察知したら、スクリーンショットなどをとることで、証拠を残しておくようにしましょう。

第8章

人気が出てきたときのトラブルの火種

49

作品を気に入ってくれて、「お金を出すから法人化しないか」と言う人が現れた

関連項目 52

類似のケース

- 「悪くない給料を支払うので、今後はうちの会社のデザイナーにならないか」と言われた
- 「一緒に会社を作らないか」と言われた

相談事例

この人を信頼して大丈夫!?

Xさんは、ショート動画（アニメ）を制作しているクリエイターです。Xさんは、Aさん・Bさんとともに、ショート動画を制作しており、Xさんが企画を、Aさんが編集を、Bさんがイラストの制作とアテレコを担当しています。

Xさんチームが制作するショート動画は、日々のあるあるネタをテーマにした、くすっと笑えるコンセプトとなっており、各種SNSで徐々に人気が出てきています。広告売上や企業からの広告案件も受注できるようになってきており、チームとして利益も出てきました。

そんなある日、異業種交流会で知り合ったYさんから「お金を出すから法人化してみないか？　法人化した方が、より大きな案件も受注できるようになる。Xさ

んチームの皆に毎月給料も支払うから、Xさんチームもさらに制作に集中できるようになるし、悪い話ではないと思う。法人化の手続きや会社運営のことは自分に任せてくれればよく、社長はXさんにお願いしようと思っているが、特にXさんの方で対応してもらうことは何もない。応援の気持ちもあっての申し出なので、最初の一年は私の報酬は要らないので、また会社運営が軌道に乗ってきたら、そのあたりは話をしたい」と連絡がありました。

ちょうど法人化を検討していたところであり、Xさんは渡りに船だと思い、Aさん、Bさんに相談したところ、「そんなにうまい話があるのか?」と言われ、Xさんは法人化をお願いしてよいのか迷っています。

対応策

とても慎重に考えよう

Aさん、Bさんの言う通り、そんなにうまい話があるわけはなく、Yさんの申し出は丁重に断るのがおすすめです。

次に述べる予防策の通り、株式会社というもののしくみ上、Yさんがお金を出して法人化した場合には、Xさんがいくら社長であっても、会社は株主であるYさんのものです。そして、法人化後は、給料をもらいつつ法人の指示のもとで制作されたコンテンツや売り上げは、基本的に会社のものとなり、Xさんチームが生み出したもの全てがYさんに帰属してしまうおそれがあります。

このようにXさんチームには何も残らないという結果になりかねないので、どんなにYさんから「Xさんが社長だから、法人化してもXさんの好きにできる」「自分は経営やコンテンツには口出ししない」などと言われても、お金を出してもらい、法人化するのはおすすめできません。

予防策 株式会社のしくみを理解しよう

売り上げが立ってきたら法人化を検討するクリエイターの方も多いと思いますが、法人化にあたっては、会社のしくみをきちんと理解することが重要です。よって、ここでは簡単に会社のしくみを解説します。

株式会社というのは、会社にお金を出資した人（株主）のものです（図8-1）。例えば、株主は、社長を選ぶ権利・解任する権利を持っています。また、株主は、会社の利益を配当という形で回収する権利もあります。

すなわち、少し乱暴な言い方になりますが、株主になれば、会社を意のままに操ることができます。Xさんを社長から解任することだってできますし、Yさんの一存でYさんに会社から利益を分配することもできるのです。そのため、Yさんに出資してもらい法人化することはおすすめできません。

図8-1　株式会社のしくみ

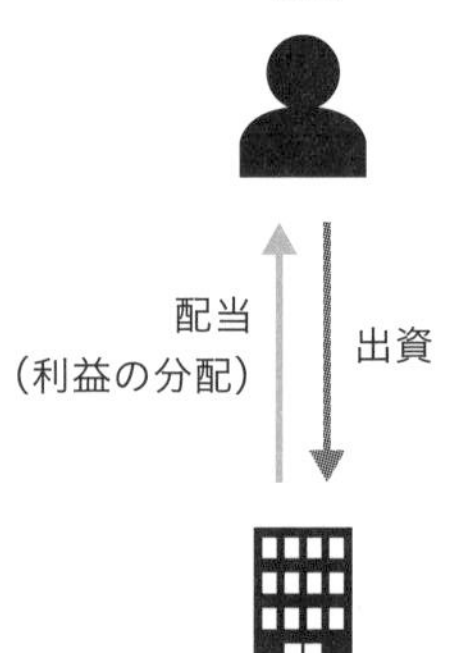

また、法人化後に、法人から給料をもらいながらXさんチームが制作したショート動画の権利は、通常、会

社に帰属することになります。そのため、Yさんと仲違いをして、新たにXさんチームで会社を立ち上げようと思っても、Yさんの会社在籍中に制作したショート動画は全てYさんの会社に置いていかざるを得ないことになるでしょう。

このように、お金を出してもらい法人化するということは、お金を出してくれた人に生殺与奪の権を握られるに等しく、法人化する際には、自ら出資する方がおすすめではあります。

ちなみに、会社を設立するとなると「お金がたくさんかかるんじゃないか？」「手続が大変なんじゃないか？」と思う方もいるかもしれませんが、20～30万円程度で設立が可能です。必要な情報を入力するだけで会社設立に必要な書類が作成できるサービスなどもあるので、必要に応じて、利用してみましょう。

ワンポイントアドバイス

法人がお金を調達する手段としては、本文で解説した出資という手段のほかに、融資（借金をする）という方法があります。出資の場合は、会社に返済義務がないので魅力的に映りがちですが、前述の通り、生殺与奪の権を握られてしまう可能性があります。融資であれば、単なるお金の貸し借りであり、会社の運営に関与する権利はないので、お金の調達手段としては、融資をまず検討するのがよいでしょう。

50

マネジメント事務所に所属しないかとスカウトされた

関連項目 49

類似のケース

- 「弊社の専属クリエイターとして契約したい」と言われた
- エージェント契約の締結を打診された

相談事例

もし事務所に所属したら、どんなことになるの!?

Bさんは、Aさん・Xさんとともに、ショート動画を制作しており、Xさんが企画、Aさんが編集、Bさんがイラストの制作とアテレコを担当しています。

ある日、Bさんのアテレコを聞いたあるタレント事務所Y社のスカウトから、BさんのSNS宛に「Bさんは声優としてもっと活躍できる人材だと思うので、ぜひうちの事務所でマネジメントさせてもらえないか?」というDMが届きました。

詳しく話を聞いたところ、Y社からは、「最初の育成期間中は、生活・芸能活動に必要となるお金は事務所が負担して面倒を見る形になる。マネージャーもついて、事務所でBさんの仕事の管理を行うことになる。Bさんの才能は声優だけにとどまらず、タレントや俳優としても売り出せると思う。一緒にスターになろう！」と説明がありました。

Bさんは、声優になる夢をかなえるチャンスと思い、「この話を受けようと思う」と、Xさん、Aさんに相談したところ、「事務所に所属すること自体は賛成で応援したいが、現在チームとしてやっている活動に支障はないのか？」と言われました。

Bさんは、「これまでやってきた活動に影響はないのでは？」と安易に考えていたものの、そう言われると不安になり、この話を受けてよいものか悩んでいます。

対応策

契約条件などを確認しよう

マネジメント事務所に所属するとなると、通常は専属マネジメント契約書の締結を求められることになります。当該契約書では、一般的に育成に関する条項や、経費分担、収益分配などについて記載があると思われますが、今回のBさんのケースにおいて特に気にすべきは、「①専属性」と「②権利帰属」に関する点にあると思われます。

まずは、「①専属性」について解説します。専属マネジメント契約の場合には、契約期間中は、全て事務所の指示や関与のもと、活動を行わなければならず、事務所と関係がないところで、事務所を通さずに活動したり業務を受けたりすることは禁止とされている可能性があります。

そのため、現在、Xさんチームで行っている活動を継続することができるかについては、事務所側に事前に確認しておくことが必須といえるでしょう。

次に「②権利帰属」についてです。契約期間中のBさんの創作活動や実演活動から生じる権利（著作権や著作隣接権など）は、全て事務所に帰属するという条件になることも考えられます。したがって、Xさんチームの中で行うBさんの活動に関する権利も、何も手当をしないと、通常は、全て事務所側に帰属することになると考えられます。それでは不都合が生じるという場合には、事務所側と事前に協議する必要があるでしょう。

予防策 実際に締結することになる契約書をよく読む

ここではマネジメント事務所から「声優（タレント）として所属しないか」と声をかけられたという例を取り上げましたが、「クリエイターの方が事務所に所属しないかと声をかけられた」「キャラクターデザインなどを行う方が著作権管理事務所などから作品を預けてみないかと声をかけられた」といったケースでも、基本的な注意点は同様です。

自分自身や自分の作品に注目してもらい、「所属しないか」「作品を預けてみないか」などと声をかけてもらったとなると、つい嬉しくて飛びついてしまう方もいるかもしれません。もちろんマネジメントやエージェント、作品管理をしてくれる事務所などに所属をすることは、活躍の幅を広げる意味で重要な場合もありますが、中には、リスクや制約の非常に大きい契約書の締結を求められて（あるいは契約をしてしまって）、困っているという方もいます。

一度、締結してしまった契約書を後々ひっくり返すことは非常に大変な作業ですし、事務所を辞める際のトラブルにも繋がりますので、「事務所に所属する」「作品を預ける」ことに関する契約を締結する際は、慎重に検討するようにしましょう。

なお、対応策に記載したポイント以外に、例えば専属マネジメント契約書であれば、次のような気を付けるべき点があります。

- 育成に関する条項
- 報酬の内容
- 経費分担
- 肖像・芸名などに関する取り決め
- 契約期間と契約終了後の扱い
- SNSなどの利用
- 不祥事の責任
- 各種禁止事項　　など

こういった各事項に関する取り決めがどうなっているかは、契約書を締結する前にきちんと確認することが重要です。また、内容に応じて、XさんチームやBさん個人にどういうリスクが存在するかについて、可能な限り弁護士などのチェック・アドバイスを受けることが望ましいといえるでしょう。

ワンポイントアドバイス

会社と雇用契約を締結し、従業員としてデザイン制作などを行う場合には「職務著作」というルールが関係してきます。この「職務著作」とは、簡単にいえば、会社の案件として業務上制作した著作物で、会社の名義で公表されるものについては、別段の定めがない限り、その著作者が（制作した従業員ではなく）会社になるというルールです。この「職務著作」が成立すると、著作権や著作者人格権も最初から会社がもつことになりますので、会社の従業員として制作を行う場合には注意が必要です。

51

過去にファンアートを投稿している

関連項目 44

類似のケース

- 過去にゲーム実況動画を公開している
- 過去に歌ってみた動画を公開している

相談事例

著作権侵害で炎上しないか不安

Xさんと Aさん・Bさんはともに、ショート動画を制作しており、Xさんが企画、Aさんが編集、Bさんがイラストの制作とアテレコを担当しています。

Bさんは、昔からアニメが大好きで、過去には、いろんな作品のファンアートを描いて、著作権的にはグレーな部分もあると認識しつつもSNSに投稿していました。Bさんは今も当該アカウントを利用しXさんチームのショート動画の宣伝などを行っています。人気が出て来て、注目を集めるようになってきた今、過去に投稿したファンアートが発見され、著作権侵害を行うクリエイターとして炎上しないか、また、過去のファンアートをどうしようか悩んでいます。

☑ 対応策

過去のファンアートを削除することも検討する

「ファンアート（二次創作）はグレーである」とよく言われますが、権利者の許諾なく、原作のキャラクターデザインの特徴を踏まえて描いたファンアート作品をSNSなどのインターネット上に投稿することは、その多くが著作権侵害となる可能性が高いといえるでしょう。ファンアートに関する詳細は、筆者が執筆した記事「ファンアートに関する二次創作ガイドラインの在り方を考える—ネット上におけるファンアートと著作権法の関係を踏まえて—」も合わせてご覧ください。

しかし、そうしたファンアートの全てが著作権侵害として権利者から問題視されるかというと、そうではありません。ファンアートは作品を盛り上げるといった側面もあり、あくまで作品のファンが、ファン活動の一環として、楽しんで行っている程度であれば、権利者として黙認（お目こぼし）していると思われる場合も少なくありません。ただ、これはあくまで黙認していると「思われる」ということに過ぎず、**権利者の意向次第では権利侵害の主張がされる可能性があるという不安定な状態にあることは変わりありません。**

以上のようにファンアートが著作権的にはグレーである ことから、特に権利者が問題視していない場合であっても、「クリエイターが他人の著作権を軽視するとは何事か」ということで、ネット上で炎上してしまうケースもありうるでしょう。

そのため、クリエイターとして人気が出てくるなどにより、批判にさらされ炎上した場合のリスクが看過できない程度になっている場合には、過去のファンアート投稿を全て削除してしまう、というのも一つの手段と思われます。

予防策

二次創作ガイドラインを活用しよう

作品によっては、ファンアートなどの二次創作を行うためのガイドラインが公開されているものがあります。こうした二次創作ガイドラインに従って創作する限りは、「権利者が黙認（お目こぼし）していると思われる」という状態ではなく、「権利者の明示の許諾がある」という状態になります。そのため、安心して二次創作をしたい場合は、権利者側から二次創作のためのガイドラインが公開されている作品を選ぶのも一つの手段でしょう。

また、クリエイターとして人気が出てきた際の創作者名と、ファンアート活動の際の創作者名が同一である場合には、ファンアートに関する活動は別名義・別クレジットで行うなどの対策も考えられるでしょう。

ワンポイントアドバイス

他人の著作物を利用した活動として、ファンアートの他にも、「歌ってみた」動画などがあります。これらの動画を権利者の許可なくネット上にアップする行為は、歌詞・メロディの著作権を侵害する可能性があるので、同様の注意が必要です。なお、「歌ってみた」動画については、JASRACなどと包括契約をしているプラットフォーム（YouTubeなど）では、JASRACなどの管理楽曲を利用した動画を個人がアップロードするのであれば、問題なく行うことができます。もっとも、自分で演奏した上で歌唱を行うのではなく、既存の音源を無断で利用した動画をネット上にアップロードする場合には、別途、原盤に関する権利（レコード製作者の権利）を侵害する恐れがあります。例えば、既存のカラオケ店で提供されるカラオケ音源を流しつつ歌っている動画などをネット上にアップロードすると、カラオケ音源の制作会社などから権利侵害に基づく責任追及がなされる可能性もあるので注意しましょう。

column

著作権を侵害すると逮捕される？

「契約に違反すると何か刑罰はあるのか？」と質問されることがあります。これは民事事件と刑事事件とがこんがらがっていることから出てくる質問でしょう。

本書の各所で出てくるような契約のお話は、基本的には民事事件といわれるものの範疇で、逮捕・犯罪・刑罰といった刑事事件の話にはなりません。そのため、契約に違反しても、損害賠償請求という形で金銭を支払う必要はあるかもしれませんが、警察に捕まったり刑務所に入ったりしないといけない事態にはなりません。

これと関連して、「他人の著作権を侵害しているとして警告書を受け取ったが、従わないと逮捕されるのか？」という質問が届くこともあります。こちらも、民事事件と刑事事件を区別して考える必要があります。まず、著作権侵害は、民事事件として、損害賠償などの問題となることがあります。なお、著作権者やその代理人から警告書が届く場合は、一般的には、この民事事件の話になるでしょう。

一方で、著作権侵害は、契約違反とは違い、刑事事件になる可能性もあり、逮捕などされる可能性もあります。それは、著作権法において、著作権侵害が犯罪として規定されているためです。それに対して、契約違反は犯罪として規定されていないため、刑事事件にはならないということです。

もっとも、実際に刑事事件として逮捕・起訴されるような著作権侵害は、海賊版などを大量に流通させているなど違法性が高い場合が多いとも思われ、「制作活動をしている中で著作権を侵害したかもしれない」といった程度では、通常は刑事事件の話にはならないことが多いでしょう。

52

法人化する際に、均等に出資をした

関連項目 49

類似のケース

- 自分が会社のリーダーとして方針を自由に決定する権限を持つにはどうすればよいか知りたい
- 共同創業メンバーで共同出資した

相談事例

この法人の決定権は誰にあるの!?

Xさんは、ショート動画（アニメ）を制作しているクリエイターです。Xさんは、Aさん・Bさんとともに、ショート動画を制作しています。Xさんチームの作品は徐々に人気が出てきて、広告売上や企業からの広告案件も受注できるようになってきており、チームとして利益も出てきました。

そこで、Xさんチームは、より大きな案件の受注や新規の企画を継続して生み出していけるような組織体制の構築を目指し、法人化（株式会社の設立）をすることとしました。法人化にあたっては、Xさんが34%、Aさんが33%、Bさんが33%を出資しました。そして、Xさんが代表取締役に就任することとなり、Aさん及びBさんは、それぞれ取締役に就任しました。

ただ、Xさんは、正直なところこのチームは自分がリーダーとして引っ張ってきたという思いがあり、いざというときには自分がリーダーシップを発揮して必要な事項を決定したいと思っています。出資比率としては、自分が1%多くしてもらい、代表取締役も自分が就任することにはなったものの、これで十分といえるのか不安に思っています。

対応策　過半数の株式を持てる状態を目指す

株式会社は、会社にお金を出資した人（株主）のものです。今回のケースではXさんが34%、Aさんが33%、Bさんが33%を出資しているので、それぞれ株主として、それぞれの持分比率に応じて、**株主として会社に対するコントロール権を持っているイメージ**です（図8－2）。そして、会社の運営や事業については、通常、取

図8-2　持分割合と多数決のイメージ

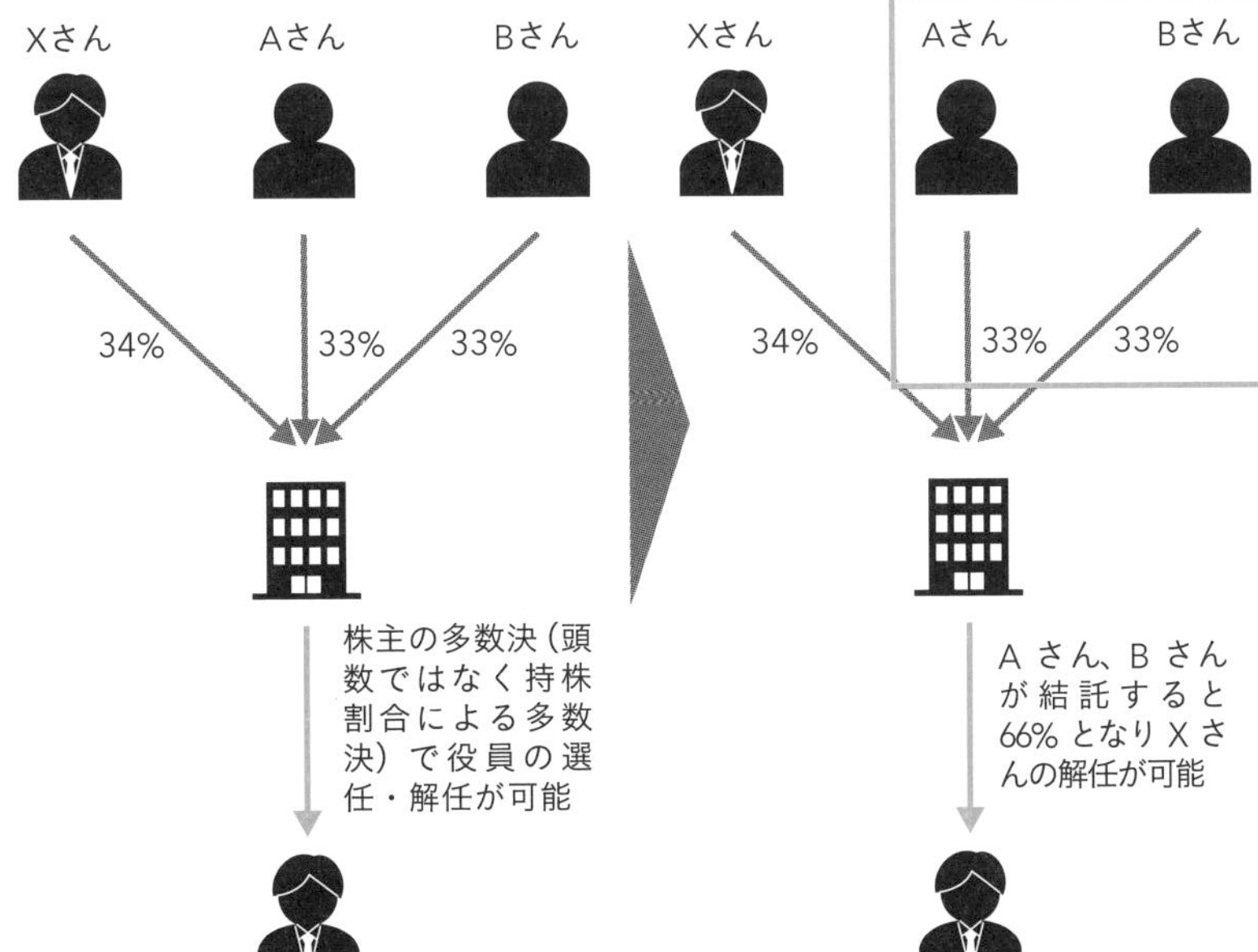
Xさん
Aさん
Bさん
34%
33%
33%
株主の多数決（頭数ではなく持株割合による多数決）で役員の選任・解任が可能
Xさん
Aさん
Bさん
34%
33%
33%
Aさん、Bさんが結託すると66%となりXさんの解任が可能

締役の協議等によって行われますが、その取締役の選任及び解任などは、株主の多数決により決定することとなっています。そのため、仲違いをした場合には、代表取締役であるかどうかなどはさほど重要ではなく、誰が株式をどれくらいの割合で保有しているかが決定的に重要になってきます。

例えば、今回のケースで、XさんとAさん・Bさんとが新規の企画の方針等で仲違いをして対立したとします。この場合、Aさん・Bさんとして結託すると66％の株式を保有していることになるので、多数決でXさんを代表取締役から解任することができます。

このように、均等に出資をすると、Xさんとしては単独で会社の方針を決定できないばかりか、代表取締役を解任されるおそれもあるので、Xさんは、AさんかBさんから株式を買い取り、過半数の株式を保有するのが望ましいといえます。

予防策　事前に出資割合の調整や株主間契約を締結することを検討する

Xさんが単独で会社の方針を決定できるようにするには、株式の67％以上（少なくとも株式の過半数）を保有するのが望ましいです。

また、株式の過半数を有している場合は、仲違いをした場合に、仲違いした人物を取締役から解任することは可能ですが、株式は、何も手当をしなければ、そのままその仲違いした人物が保有し続けることとなります。

仲違いした人物が株主という形で会社にコントロール権を持ち続けるのはあまり望ましいことではありませんので、会社の設立時には、株主間で契約を締結し、「取締役の地位を失ったときは、自らが保有している株式をXに売り渡さなければならない」といった条件を合意しておくことが有用です（図8－3）。

図8-3　買取条項の例

第○条（株式譲渡）
甲が本会社の取締役の地位を喪失した場合には、その喪失の理由を問わず、甲は、乙からの請求に基づき、乙又は乙の指定する第三者に対し、本件株式を譲渡するものとする。
前項の場合における本件株式1株あたりの譲渡価額は、甲による本件株式の1株あたりの取得の価額と同額、又は、乙が定める当該価額以上の価額とする。

ワンポイントアドバイス

いまや会社の設立自体は、Ｗｅｂサービスなどを利用することで誰でも簡単にできるようになっています。しかし、会社運営に支障を来さないようにするには、本文記載の通り、株主構成や株主間契約などがとても重要となってきます。このような株主関連の事項は、法的な知識が必要となりますので、会社の設立にあたっては、一度、会社に関する法律に詳しい専門家に相談するのがおすすめです。

53

共同で制作した案件の売り上げの取り分で揉めている

関連項目 52、54

類似のケース

- 自分がチームの売り上げに一番貢献しているのに、売り上げが等分なのは納得できない
- お金のことで揉めていてチームが解散の危機に直面している

相談事例

妥当な配分方法だと思うけど、大丈夫かな？

XさんとAさん・Bさんはともに、ショート動画を制作しています。Xさんチームは法人化し、Xさんが代表取締役、AさんとBさんは、それぞれ取締役に就任しました。今までは、売り上げは3等分していましたが、Xさんは「法人化後は会社運営の負担分として、売り上げの20％を追加でもらえないかな。税理士の先生とのやりとりとか地味に大変だし……」と思っていますが、禍根を残さないか不安です。

対応策

どのような作業が必要になるのかを共有し、適切な配分であることを説明する

前提として、会社の運営はそれ相応の工数が掛かるも

のです。例えば、帳簿のつけ方を勉強したり、税理士などとやりとりしたりする必要が出てきます。このように、法人化をすると、クリエイターとしての業務以外にも多くの業務が発生します。Xさんが、その稼働分として多く収益分配を受けたくなるのも無理はありません。

ただし、会社の運営に携わっていないと、実際の仕事内容は認識しにくいかもしれません。したがって、適切な売上分配方法を定めるには、会社の運営にあたり、どのような業務や費用が発生しているかについて、AさんやBさんにもきちんと認識してもらうことが重要となるでしょう。

予防策 お金のことについては、早い段階から認識を合わせることが重要

共同制作などの場合に、事前に明確に売上分配方法を定めておかなかったがゆえに、後々、「私が一番チームに貢献しているのにおかしい」などと揉め、チームとして修復不能になることも少なくありませんので、事前に協議する機会を設けておくのがよいでしょう。「ある程度売り上げが出てから、分配方法を定めればよい」と思う方もいるかもしれませんが、売り上げが大きくなればなるほど、分配方法の話し合いはセンシティブなものになるので、お金にまつわることは早い段階で認識合わせをしておくことが重要です。

ワンポイントアドバイス

対応策に記載の会社運営上の事務作業はそれなりに手間がかかるものであり、クリエイターの方としては、「クリエイティブ業務に集中したい」という思いもあるでしょう。そのような方向けの事務代行サービスも存在しているので、思い切ってアウトソーシングしてしまうのも一案です。

54

チームを組んで共同で活動していたが脱退したい

関連項目 55

類似のケース

- 就職をすることになったのでチームを脱退したい
- 代表とそりが合わなくなったので、チームを脱退したい

相談事例

できれば穏便に脱退したいのだけど、どうしたらいいの!?

Xさんは、ショート動画（アニメ）を制作しているクリエイターです。Xさんは、Aさん・Bさんとともに、ショート動画を制作しており、Xさんが企画を、Aさんが編集を、Bさんがイラストの制作とアテレコを担当しています。

Xさんチームは、法人化（株式会社設立。株式持分比率は、Xさん：34％、Aさん：33％、Bさん：33％）し、順調に成長を遂げていましたが、新規企画の方針や売り上げの分配で揉めることもたびたび出てくるようになりました。そんな折、Bさんは、副業として、声優の仕事もしていたところ、そちらの仕事が順調なこともあり、Xさんチームから脱退しようと考えています。ただ、これまで一緒にやってきた仲でもあるので、どのようにすれば穏便に

脱退できるかを悩んでいます。

対応策

案件の引き継ぎが重要

法的には、役員であれば辞任届、従業員であれば退職届を提出することにより、脱退することは可能です。ただ、穏便に脱退するという観点だと、次のような点に注意が必要です。

①関与案件の処理

法人化したとはいえ、小さい会社だと案件対応が属人化しているケースも多くあるでしょう。そのような場合に、その案件を処理しきることなく脱退するとなると、クライアントなどから会社が信頼を失うことになりかねません。そのため、仕掛かり案件はやりきるか、または、社内で引き継ぎ先を確保してから脱退するのが望ましいといえるでしょう。また、脱退後も一定期間は当該案件に限り業務委託契約などを締結し、業務委託スタッフとして関与し続けるケースも考えられます。

継続的に売上分配などを得ている場合には、後々トラブルにならないためにも、その脱退後の取り扱いについても取り決めておく方がよいでしょう。

②株式の処理

通常、脱退したメンバーが会社の株式を保有し続けているという状態は、残されたメンバーにとっては好ましくありません。したがって、穏便に脱退するという観点からは、当該株式を処理する必要があります。株主間で契約を締結していれば、それに従い処理を行い、契約がなければ、お互いが納得する価格で譲渡（例えば、BさんからXさんへ譲渡）するのがよいでしょう。

☑予防策 脱退時の株式処理に必要な事項を決めておく

案件の引き継ぎについてはケースバイケースですが、株式の譲渡の点については、メンバーが脱退する際に備えて、きちんと事前に株主間で契約を締結しておくことが重要です。

この場合、脱退時に譲渡するということだけでなく、いくらで譲渡するのか、という点を決めておくことも肝要です。というのも、株式の価値（株価）というのは、会社の成長とともに上がっていきます。例えば、会社設立時は1株100円だったものが脱退時には1株1000円になっていたりします。

Bさんからすると、この1000円の価値で譲渡したいと思う一方、Xさんからすると、1株1000円の価値とはいえ、簡単に現金化できる性質のものではないので、安く譲り受けたいと思うでしょう。

株主間契約で対価の算定方法について定めておかないと、脱退時にこの問題が顕在化するので、事前に定めておくことが重要です。

ワンポイントアドバイス

株価というのは、コンビニで売っている商品のように目に見える値段があるわけではないので、株価を算定するにあたっては、税理士や公認会計士に依頼する必要があります。また、実際の価値と譲渡金額とで差がある場合には、税金の問題が発生する可能性があるので、この点も含めて税理士へ相談するのがおすすめです。

法人化する際の注意点

ここでは、法人化する際の注意点を解説します。

1　会社は自分のお金で設立する

簡単にいうと、会社は出資という形でお金を出した人（＝株主）のものです。取締役や社長が会社の運営は行いますが、会社は株主のものなのです。そのため、「法人化に際してお金を出す」と言われても、自分のお金で出資することを基本線に考え、49のような注意点を踏まえたうえで、出資をうけるか慎重に検討するようにしましょう。

2　チームで法人化する場合はさらに注意

チームで法人化する際に共同出資し、自分自身の意向で会社を運営したいと思う場合には、均等に出資するのではなく、少なくとも自らが株式の過半数を保有できるように出資割合を調整するのがよいでしょう。また、共同出資する場合には、仲違いして誰かが脱退する場合にも備えて、株主間契約を締結しておくことも重要です。株主間契約では、少なくとも、脱退者が保有する株式について誰かが買い取れる旨を規定しておきましょう。

3　著作権関係を整理する

そもそも会社の資産とすることを想定して制作する成果物は、きちんと会社に著作権が帰属することになるよう契約などを整理しましょう。具体的には、就業規則の整備や作業を外注している場合には業務委託契約書において著作権を譲渡する旨の規定を設けることが考えられます。

著作権関係をきちんと整理しておかないと、著作権者の意向次第で当該成果物が使えなくなる可能性もあり、こうしたリスクは会社が大きくなればなるほど大きくなるでしょう。そのため、クリエイターの方が法人化する際には、法人化する段階から、少なくとも著作権などの知的財産権については、きちんと管理をするようにしましょう。

55

チームを脱退後、競合する事業をしないでね、と言われた

関連項目 08、42

類似のケース

- 「担当していたクライアントを引き連れて独立する」と言ったら拒否された
- チーム脱退後、競合企業には就職しないように言われた

相談事例

脱退したのにそんな制限を受けなくちゃいけないの!?

Xさんは、ショート動画（アニメ）を制作しているクリエイターです。Xさんは、Aさん・Bさんとともに、ショート動画を制作しており、Xさんが企画を、Aさんが編集を、Bさんがイラストの制作とアテレコを担当しています。

Xさんチームが制作するショート動画は、日々のあるあるネタをテーマにした、くすっと笑えるコンセプトとなっており、各種SNSで徐々に人気が出てきています。広告売上や企業からの広告案件も受注できるようになってきており、チームとして利益も出てきました。

Xさんチームは、法人化（株式会社設立。株式持分比率は、Xさん：34%、Aさん：33%、Bさん：33%）し、順調に成長を遂げていましたが、そんな折、Bさんが、脱退するこ

ととなりました。Bさんは、脱退に際し、Xさんから「脱退後は会社と競合するような事業はしないでほしい」と伝えられました。

Bさんは積極的に競合する事業をするつもりはないものの、どこまでが競合する事業に該当するのかわからず、今後の活動に支障が出ないか心配になっています。

対応策 まずは契約などで競業避止義務を負っていないかを確認しよう

こうした所属企業（あるいは所属していた企業）と競合するような事業を自ら行う、または、そうした事業に携わることなどを禁止することを、「競業避止義務」などと呼びます。

入退社時の誓約書や株主間契約などで約束していない限り、脱退後は競業避止義務を負わないのが原則となります。とはいえ、穏便に脱退し、今後禍根を残さないことを重視する場合には、一定の範囲で競業避止義務を受け入れることも選択肢としてはありえるでしょう。その際には、今後自らが行いうるビジネスを見据えて、それに支障がない内容になるようXさんとよく話し合うのがよいでしょう。

話し合いにあたっては、「①仮に競業避止義務を負担するとした場合、どれくらいの期間か」「②禁止される事業とは具体的にどのようなものを指すか」「③自ら行うだけではなく第三者から当該事業に関する案件を受託することも禁止されるのか」などを確認するようにしましょう。

例えば、今回のケースでも、「そもそもショート動画を制作することがＮＧ」「アニメのショート動画を制作することが禁止でアニメ以外ならＯＫ」「『日々のあるあるネタをテーマにした、くすっと笑えるコンセプト』と類似したコンセプトの動画の制作のみが禁止でコンセプトが異なればＯＫ」「ショート動画から広告売上を上げることは禁止だが、企業案件でショート動画の制作を受注することはＯＫ」など、競業避止義務を負担するとしても様々なバリエーションがあります。禁止される具体的な内容については細かく話し合い、後々判断に迷うことがないよう明確にしておくことが重要といえるでしょう。

予防策　競業避止義務を受け入れるかは慎重に検討しよう

Bさんが脱退前に既に誓約書などで競業避止義務を負担する約束をしている場合には、約束がない場合と比較して、対応策に記載の交渉は難しくなるでしょう。そのため、法人化時点で脱退時のことまで見通すのはなかなか困難な面もあるかと思いますが、Bさんとしては、入社時の誓約書や株主間契約で競業避止義務を負担しないよう予防するのがよいでしょう。逆にXさん側の目線からすると、比較的合意を得やすい入社時点において、誓約書や株主間契約で競業避止義務を記載しておくのが有用です。

ワンポイントアドバイス

Xさんチームとして Bさんに競業避止義務を負わせることに一定の合理性はありますが、一方、Bさんの今後の事業活動を制限する性質のものともなります。そのため、仮に合意してしまっていたとしても、有効かどうか怪しいケース（例えば、永久に競業避止義務を負うと定めたケースなど）もあるので、困ったら専門家に相談してみましょう。

第2部

これだけは知っておきたい法律の知識

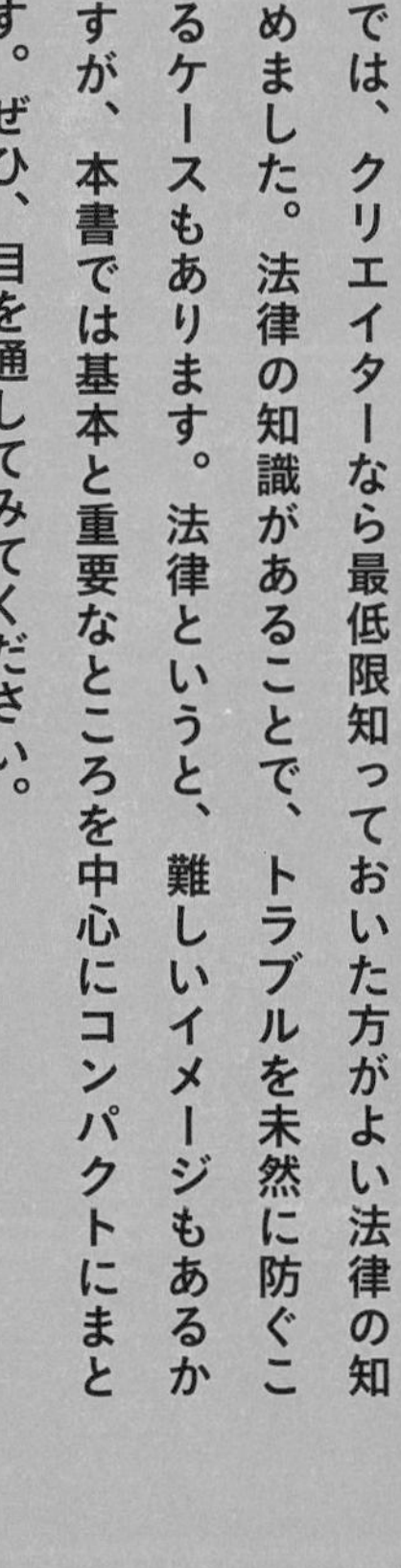

第二部では、クリエイターなら最低限知っておいた方がよい法律の知識をまとめました。法律の知識があることで、トラブルを未然に防ぐことができるケースもあります。法律というと、難しいイメージもあるかと思いますが、本書では基本と重要なところを中心にコンパクトにまとめています。ぜひ、目を通してみてください。

第9章 クリエイターと切っても切り離せない著作権

主に読んでほしい人

・本書を手に取った全ての方

著作者が持つ2つの権利 ―著作権と著作者人格権―

本章では、クリエイターの方であれば誰もが関係するといえる「著作権」について解説していきます。

「著作物」を創作した者（著作者）が持つ権利には、著作権法上、大きくわけて2つの種類があります。それが著作権と著作者人格権です。

著作権について

著作権とは、簡単に言えば「私に無断で私の作品（著作物）を利用するな！」と言える権利です。「誰かが著作物を創作する」「すると、著作物を創作した者は著作者として著作権を持つ」「著作権を持つ者は『私に無断で私の著作物を利用するな』と言える」、というようなイメージです。なお、第10章で解説している商標権などとは異なり登録などの手続きは不要です。

そして著作権は他人に譲渡することができます。したがって、必ずしも「著作者＝著作権を持っている者」とは限りませんので、著作権を持っている人のことを著作者と区別して「著作権者」と呼びます。例えば、著作者であるXさんが、ある作品に関する著作権をYさんに譲渡すれば、以後の著作権者はYさんになります。

著作権譲渡後もXさんが著作者であることに変わりはないですが、著作権者はYさんなので、以後「私に無断で『著作物』を利用するな！」と言えるのは、XさんではなくYさんになります。その結果、Xさんは自分が生み出した作品であるにもかかわらず、契約などで特別な取り決めをしない限りは、Xさんであっても、その作品を自由には使えなくなります。よって、第1部01で解説した通り、ポートフォリオに自由に掲載することなども原則としてできなくなってしまうのです。

著作者人格権について

このように著作者は、自身が有する著作権を譲渡することができますが、その場合でも著作者に残る権利があります。それが、著作者が持つもう1つの権利である著作者人格権です。これは、創作者の人格的な権利として、何があっても創作者に残るものとされています。よって、譲渡はできません。なお、著作者人格権との対比において、著作権は財産権的なものであるため、著作財産権などと呼ばれることがありますが、これは著作権法に出てくる言葉ではありません。

著作者人格権の内容は、次の3つです。

・公表権：未公表の自分の著作物を公表するかどうか、公表するとして、いつ、どのように公表する

かを決めることができる権利
・氏名表示権：自分の著作物が公に提供または提示される際に、著作者名を表示するか否か、表示するとして、実名や作家名かなどを決めることができる権利
・同一性保持権：自分の著作物の内容やタイトルを自分の意思に反して勝手に改変されない権利

なお、この3つに「名誉声望保持権」が加えられ、著作者人格権の内容は4つだとされることもあります。これは、著作権法上、「著作者の名誉または声望を害する方法によりその著作物を利用する行為は、著作者人格権を侵害するとみなす」と定められているためです。

これにより、納品した自分のイラストに対して、クライアントに「Ｗｅｂで公開する際には、自分の名前を創作者として記載してほしい！」と主張することや、クライアントが無断で自分のデザインを他のデザイナーに変更させたような場合に、「勝手に改変するな！」などと主張することができます。

ただし、この著作者人格権は、いわゆる「不行使特約」と呼ばれる注意点が存在します。先ほど、「著作者人格権は譲渡できず、何があっても創作者に残るもの」と記載しましたが、クリエイターが交わす契約書（特に著作権譲渡を定めたもの）には、次のような条項がたびたび登場します。

乙（クリエイター）は、甲（クライアント）または甲が指定する第三者による本件成果物の利用に対し、著作者人格権を行使しない

クライアント側は、「譲渡できないのであれば、契約書で著作者人格権は行使しないことを約束してもらおう！」と思うわけです。そこで、実務上はこのような表現がよく見られます。なお、一切の不行使を定めるので

はなく、「クレジット表記はクライアント側で自由に決められる」とか「成果物につきクライアント側で自由に改変できる」など、表現を変えて著作者人格権の行使に制限をかける条件になっていることもあります。

こうした著作者人格権の不行使に関する条件を契約書で見た場合には、慎重に検討しましょう。そして、受け入れることはできないと判断した場合には、こうした条項自体を削除してもらう、または、権利ごとに個別の定めをするよう交渉することも考えられます。

例えば、氏名表示権であれば、「乙（クリエイター）は、甲（クライアント）または甲が指定する第三者が本件成果物を利用する際に、乙の氏名等を乙が指定する態様において表記するよう求めることができる」などという条件にしてもらうことが考えられます。

ライセンスと著作権譲渡の違い

クリエイターがクライアントなどの第三者に対して、自ら創作した著作物を利用させる場合、大きくわけて2つのパターンがあります。それが「著作権譲渡」と「ライセンス（使用許諾）」です。

著作権譲渡について

前述の通り、著作権譲渡は著作権そのものを譲渡することです。譲渡を受けた者は、その後は著作権者となり、自らその著作物を自由に利用することができるようになります。また、原則として著作者本人を含む他人に対して「著作物を無断で利用するな」と言うことも可能です。

ライセンスについて

著作権譲渡以外にクライアントなどの第三者に著作物を利用させる方法が「ライセンス（使用許諾）」です。

これは、著作権を譲渡せず、通常は契約書によって一定の範囲を設定し、「その範囲で著作物を利用する限りは、著作権侵害の主張はしませんよ」と約束するものです。簡単に言えば、「その範囲であれば、作品を自由に利用していいですよ」という内容です。

こうしたライセンスを行ううえでは、ライセンスの範囲の取り決めが重要です。特に注意して、きちんと定めておきたい要素には、次のものがあげられます。

①利用方法・範囲
②利用期間
③独占的に利用できるのかどうか
④対価
⑤クレジットの要否

特に①の利用方法・範囲は、次の点がよくトラブルになります。

- どの媒体やどういった態様での利用までが著作権者に対する追加費用なしで行える範囲なのか（どこからが二次利用として追加費用が発生するのか）
- さらに別の第三者に使用させることができるのか（再許諾・サブライセンスの可否）
- 一定の改変を加えたうえで利用できるのか（改変可能としても事前に著作権者側の監修などは必要なのか）

こうしたトラブルになりやすい点は、契約書や見積書など後から見返せる形で事前に明確に決めておくことで、トラブル対策ができるでしょう。

図9-1　条項例

1．本件業務を通じて生じた本件成果物（その中間成果物も含む）の著作権（著作権法第27条及び第28条の権利を含む）その他一切の権利は乙（クリエイター）に帰属し、甲（クライアント）はこれを下記の範囲において期間の定めなく独占的に利用することができる。

記

・Webサイト、SNSでの利用

・・・

・・・

2．甲は、乙の事前の承諾なく、本件成果物を第三者に利用させてはならない。

3．甲は、第１項に基づく本件成果物の利用にあたり、乙の氏名等を乙が指定する態様において表示するものとする。

4．甲は、第１項の利用にあたり必要な限度において、乙の事前の承諾なく、適宜サイズの変更・トリミング等の軽微な変更を行えるものとする。

5．甲が第１項の範囲を超えて本件成果物の利用を希望する場合には、その利用範囲や対価等の条件について別途甲乙協議のうえ合意により定める。

著作権が発生する「著作物」とは？

著作物に該当するかどうかの判断

これまで「著作物を創作した者が持つ権利には著作権と著作者人格権があり、著作権とは……」と説明してきました。ここでは、これらの前提となる著作物とは何かについて、詳しく説明します。

著作物とは、著作権法上「思想又は感情を創作的に表現したものであつて、文芸、学術、美術又は音楽の範囲に属するものをいう」とされています。これだと長いので、まずは少し短く「著作物とは『創作的な表現』である」と覚えておきましょう。

とはいえ、『創作的な表現』と言われてもよくわからない」と思う方も多いのではないでしょうか。そこで著作権法は著作物の例として、次のものをあげています。

●著作物の例

①小説、脚本、論文、講演その他の言語の著作物
②音楽の著作物
③舞踊又は無言劇の著作物
④絵画、版画、彫刻その他の美術の著作物
⑤建築の著作物
⑥地図又は学術的な性質を有する図面、図表、模型その他の図形の著作物
⑦映画の著作物
⑧写真の著作物
⑨プログラムの著作物

例えば、クライアントからの依頼に基づいて執筆した記事などは①の「言語の著作物」になりえます。また、Ｗｅｂデザインやキャラクターデザインなどは④の「美術の著作物」に、広告動画などは⑦の「映画の著作物」になりえます。

この例を見ることで著作物かどうかの判断ができるケースも多いと思いますが、例えば、よくあるデザインやデザインの一部、コンセプトなど「これも創作的な表現に当てはまるのか？」と悩むような場面も出てくるでしょう。

これらは、逆に「著作物（創作的な表現）でないもの」を理解することで、判断ができるようになることがあります。

【著作物でないものの例】

①（表現の根底にある）アイデア・着想
②ありふれた表現・定石的な表現
③事実・データ

④ごくシンプルなデザイン・題名・名称など

これらの①〜④の要素は、創作的な表現ではなく著作物ではないと考えられています。なお、①のアイデア・着想には、作風・表現技法なども含みます。そのため、著作物といえそうなWebデザインであっても、それがありふれた表現である場合には、著作物（創作的な表現）とはいえません。

創作物が著作物でない場合の帰結

創作物が「著作物」でない場合、著作権や著作者人格権は発生しません。そのため、参考としたデザインなどの創作物が著作物でない場合には、いかにそれに似た創作物を制作しようとも著作権法の問題とはなりません。

また、創作物全体としては著作物であっても、その中で創作的でない部分が存在する可能性があります。そのため、例えば、「他人のデザインを見て得られたアイデアを基に、自ら全く別のデザインを制作する」「他人のデザインからありふれたデザイン部分だけを借りてきて、自らの作品に反映する」といったレベルであれば、創作的な表現部分が類似するわけではありません。すなわち、他人の著作物を使用したことにはならず、著作権法の問題にはならないといえるでしょう。

この観点は、自分の作品がパクられたとして著作権侵害を主張する場合も同様です。創作的な表現ではない部分しか似ていないのなら、その部分には著作権がそもそも発生していません。よって、著作権侵害の主張は難しいというわけです。

著作権侵害をしないための注意点

クリエイターの方が実際に創作活動を行う際には、創作のとっかかりに何か別の創作物を参考にすることも多いのではないでしょうか。また、クライアントへの納品物の中に、フリー素材サイトなどから取得した素材を利用する方もいるでしょう。ここではそうした他人の創作物を参考にしたり、利用したりするうえで、著作権侵害にならないためのポイントについて解説します。

まず大きく次のステップで考えましょう。

①のステップは、前述した「創作的な表現ではなく、著作物でないと考えられている要素を利用するのみであれば、著作権の問題にはならない」ことを踏まえたものです。著作権の問題は、「その対象が著作物かどうか」が全ての出発点になるといっても過言ではありません。

図9-2　著作権侵害の考え方のポイント

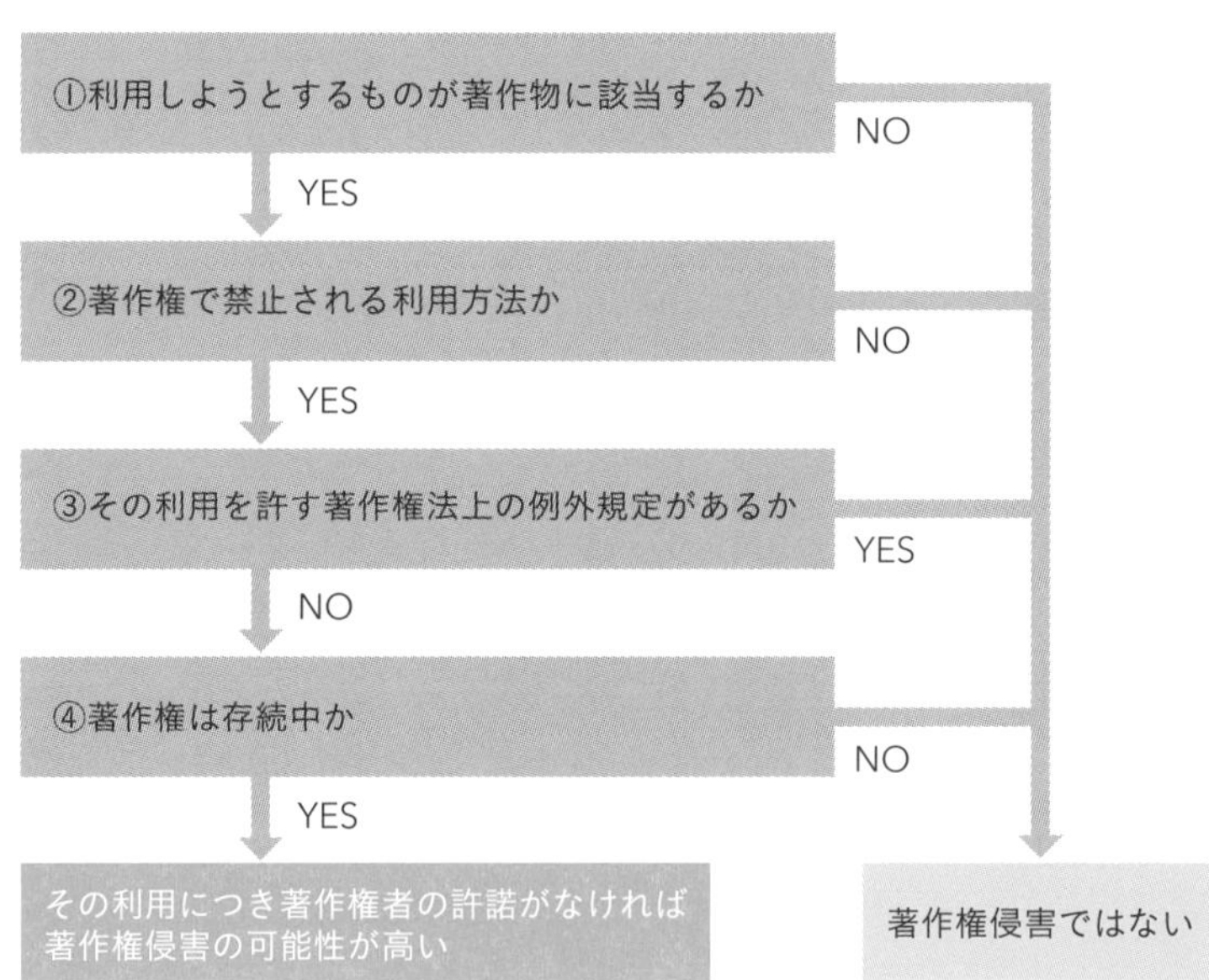

次に、その利用が②「著作権で禁止される利用方法か」というステップです。これまで、「ざっくり言うと、著作権とは私に無断で私の作品（著作物）を利用するな！」と言える権利と説明してきました。どんな利用をすると著作権侵害になるのか（どんな利用をしないよう主張する権利があるのか）は、著作権法において「著作権に含まれる権利の種類」として、次のように規定されています。

- ・複製権：印刷、ダウンロード、録音、録画などの方法によって著作物を有形的に再製すること
- ・上演権及び演奏権：著作物を公に上演したり、演奏したりすること
- ・上映権：著作物を公に上映（スクリーンやディスプレイに映写）すること
- ・公衆送信権等：著作物を放送・有線放送、インターネットにアップロード等して、公に伝達すること
- ・口述権：言語の著作物を朗読などにより口頭で公に伝えること
- ・展示権：美術の著作物と未発行の写真の著作物の原作品を公に展示すること
- ・頒布権：映画（映像、動画）の著作物の複製物を頒布（譲渡・貸与）すること
- ・譲渡権：映画以外の著作物の原作品または複製物を公衆へ譲渡すること（販売も含む）
- ・貸与権：映画以外の著作物の複製物を公衆へ貸与すること
- ・翻訳権、翻案権等：著作物を翻訳、編曲、変形、翻案すること
- ・二次的著作物の利用に関する原著作者の権利：二次的著作物の利用に関して、原著作物の著作者は、二次的著作物の著作者が有するものと同一の種類の権利を有すること

これらのいずれかの利用方法に該当しなければ、著作権により禁止される利用方法に該当せず、著作権侵害の問題は生じません。ただし、前述の通りかなり幅広い行為が対象とされています。よって、多くのケースではこのいずれかに該当することになります。

その次に、③「その利用を許す著作権法上の例外規定があるか」というステップがあります。著作権法においては、例外的に著作権者の許諾がなくとも利用できる場合が数多く定められており、こうした規定のことを「制限規定」などといいます。

例えば、「私的使用のための複製」「引用」「教育機関における複製等」「営利を目的としない上演等（ただし、インターネット上への掲載は非営利目的であってもNG）」「公開の美術の著作物等の利用」などがあります。

なお、これらはあくまで一例です。制限規定の存在も著作権法においては、非常に重要な要素ですが、クリエイターが通常の業務で作品を制作する場面において活用できる制限規定は必ずしも多くないと考えられます。

よって、本書では、これ以上の制限規定の紹介や具体的な解説は割愛します。ご興味がある方は参考文献（254ページ）や、文化庁のWebサイトで公開されている「令和5年度著作権テキスト」内の「著作者の権利の制限」（60～92ページ）などを参考に学ぶとよいでしょう。

最後に、④の「著作権は存続中か」というステップがあります。なお、便宜上この項目を最後に持ってきていますが、最初に検討してもOKです。

著作権には保護期間というものがあり、その期間を過ぎると誰でも自由に著作物を利用できるようになります。この状態を「パブリック・ドメイン（PD）」といいます。

保護期間は、執筆時現在「著作者の生前の全期間＋著作者の死亡の翌年から70年」が原則です。なお、この70年は、長い間50年とされてきました。しかし、2018年12月に著作権法が改正され、20年延長されることになりました。ただし、その時点で既に保護期間が終了していた作品は、保護期間が20年分延びることなく、PDのままとなります。

保護期間の計算方法は、過去にいくつかの法改正が存在すること、戦時加算といった特殊なルールがあることなどもあり、全てのパターンを理解するにはかなり複雑です。そこでまずは、「①保護期間の原則（死後70年）」と「②著作権は永遠ではない（保護期間がありその期間が経過すれば自由に使える）」ことを覚えるとよいでしょう。

より詳しく知りたい方は、先ほど紹介した文化庁のWebサイトで公開されている「令和5年度著作権テキスト」の38〜44ページや、骨董通り法律事務所のWebサイトで公開されているコラム「ミッキーマウスの著作権保護期間〜史上最大キャラクターの日本での保護は2020年5月で終わるのか。2052年まで続くのか〜」などを参考にしていただければと思います。

生成AIと著作権について

昨今、生成AI（ジェネレーティブAI）が急速に発展・普及しています。こうした生成AIの学習・利用と著作権との関係は、まさに議論の最中にあり、まだ法的な解釈も定まっていない点もあります。よって、ここでは執筆時現在の議論状況について解説していきます。

学習段階について

AI開発を行う上ではデータを学習させることが欠かせません。日々発展しています。日本の著作権法では、AIの学習のために著作物を利用することは、営利・非営利を問わず、基本的に認められる、とされています。これは、「著作物に表現された思想または感情を自ら享受しまたは他人に享受させることを目的としない場合（非享受利用）は、著作物を許諾なく利用できる」とする著作権法の制限規定（30条の4）が存在するためです。

ただし、この規定には「著作権者の利益を不当に害することとなる場合は、この限りでない」との但し書きがあります。この但し書きについては、令和5年12月20日開催の文化庁「文化審議会著作権分科会法制度小委員会」の配布資料として公開された「ＡＩと著作権に関する考え方について（素案）」において、「著作権者の著作物の利用市場と衝突するか、あるいは将来における著作物の潜在的販路を阻害するか」という観点からの検討が必要だといわれています。

そのうえで、「ＡＩ学習を拒絶する著作権者の意思表示があった場合はどうか」「海賊版などの権利侵害複製物をＡＩ学習のため複製することについてはどうか」「学習のための複製などを防止する技術的な措置を回避した複製についてはどうか」「作風や画風といったアイデアなどが類似するにとどまるものが大量に生成されることについてはどうか」などといった観点からも、検討が行われている状況です。詳しい議論状況を知りたい方は、前述した「ＡＩと著作権に関する考え方について（素案）」などをご覧ください。

利用段階について

生成ＡＩにより生成物を出力し、その生成物を利用する段階においても、どういった場合に著作権侵害となるのかにつき様々な議論が行われています。

既存の著作物に対し「類似性」と「依拠性」の両者が認められる場合に、著作権侵害となるというのが従前の裁判例における考え方であり、この点は生成ＡＩによる出力・利用の場合も変わりません。

生成ＡＩにおける類似性

類似性に関しては、創作的な表現ではなく著作物でないと考えられている要素（アイデアや作風、ありふれた表現など）が類似するのみであれば、著作権侵害の問題にはなりません。

よって、生成ＡＩにより特定の作家と作風のみが共通する作品が生成され、その作品を利用したとしても、創作的な表現部分が類似しているわけではないため、著作権侵害における「類似性」は認められないと考えられるわけです。

ただ、そもそもアイデアや作風が著作権の保護の対象外とされているのは、「アイデアや画風は具体的な表現活動の源泉として機能するものであり、著作権法の最終的な目的である文化の発展のためには、誰かに長期間独占させるべきではない。アイデアや画風といった要素は、後続のクリエイターが自由に利用できるようにしたうえで、これにより生み出された具体的な表現物を著作権で保護することで、文化の発展に資するようにしよう」という考え方があるからです。

しかし、人間による創作活動と異なり、生成ＡＩは１つのアイデアや画風から一瞬にして何千、何億という具体的な表現物を生み出すことが可能です。こうした状況を踏まえると、生成ＡＩの問題を考える際に、従来の著作権法の考え方と同様の基準を用いることが文化の発展に資するといえるのかについては、今後、社会全体で考えていくべき問題であるといえるかもしれません。

生成ＡＩにおける依拠性

依拠性とは、既存の作品に依拠したかどうか、つまり既存の作品を見たり聞いたりしたかどうか、により判断されると考えられています。

この点、生成ＡＩの場合は、その生成ＡＩの利用者が既存の著作物を認識しており、それに似せようとプロンプトを工夫しながら創作した場合には、依拠性があるといわれています。また、必ずしも生成ＡＩ利用者が既存の著作物を認識していなくても、学習用データに既存の著作物が含まれていた場合には、依拠性があると判断されうる、と言われています。詳細は「ＡＩと著作権に関する考え方について(素案)」などをご覧ください。

ここでは、あくまで現時点における議論状況を簡単に解説しましたが、生成ＡＩに関する議論は今後より深まっていくものと考えられますので、注視が必要です。

第10章 押さえておきたい商標の知識

主に読んでほしい人

● 本書を手に取った全ての方

意外と知らない商標とは？

この章では、誰しも一度は聞いたことがあるけれど、実はよくわかっていないという方も多い「商標権」について解説していきます。

「商標」とは、商品やサービスの目印のことです。つまり、「これがあるものは、あの会社・あの人の商品・サービスだよね」と判別できる目印が商標です。商標のこうした機能を「出所表示機能」といいます。例えば、「スターバックス」の表示やロゴマークがあれば、「これはあのスターバックスの商品だな」「あれはスターバックスの店舗だな」ということがわかります。

皆さんの中には、「スターバックスの商品なら、おいしいだろうから買おうかな」「スターバックスの店舗だから寄っていこうかな」などと思う人もいるでしょう。このように、商標には品質に対する信頼やブランドの集客力のようなものが蓄積していくので、法的に保護する必要が出てきます。それを保護するのが商標権というわけです。

商標権が発生するためには？

商標権として保護されるためには、特許庁の登録を受ける必要があります。著作権のように、「商品名やサービス名として使用しただけで、自動的に商標権が発生する」ものではないので、注意が必要です。

商標権として登録を受けるためには、特許庁に出願という手続きをして所定の審査を受ける必要があります（図10－1参照）。

出願の際には、商標権を取得したい文字やロゴだけでなく、当該商標をどの商品・サービス（役務）で使用するかを指定する必要があります。これを「指定商品役務」といいます（図10－2参照）。

図10-1　特許庁Webサイト「初めてだったらここを読む～商標出願のいろは～」（https://www.jpo.go.jp/system/basic/trademark/index.html）から引用

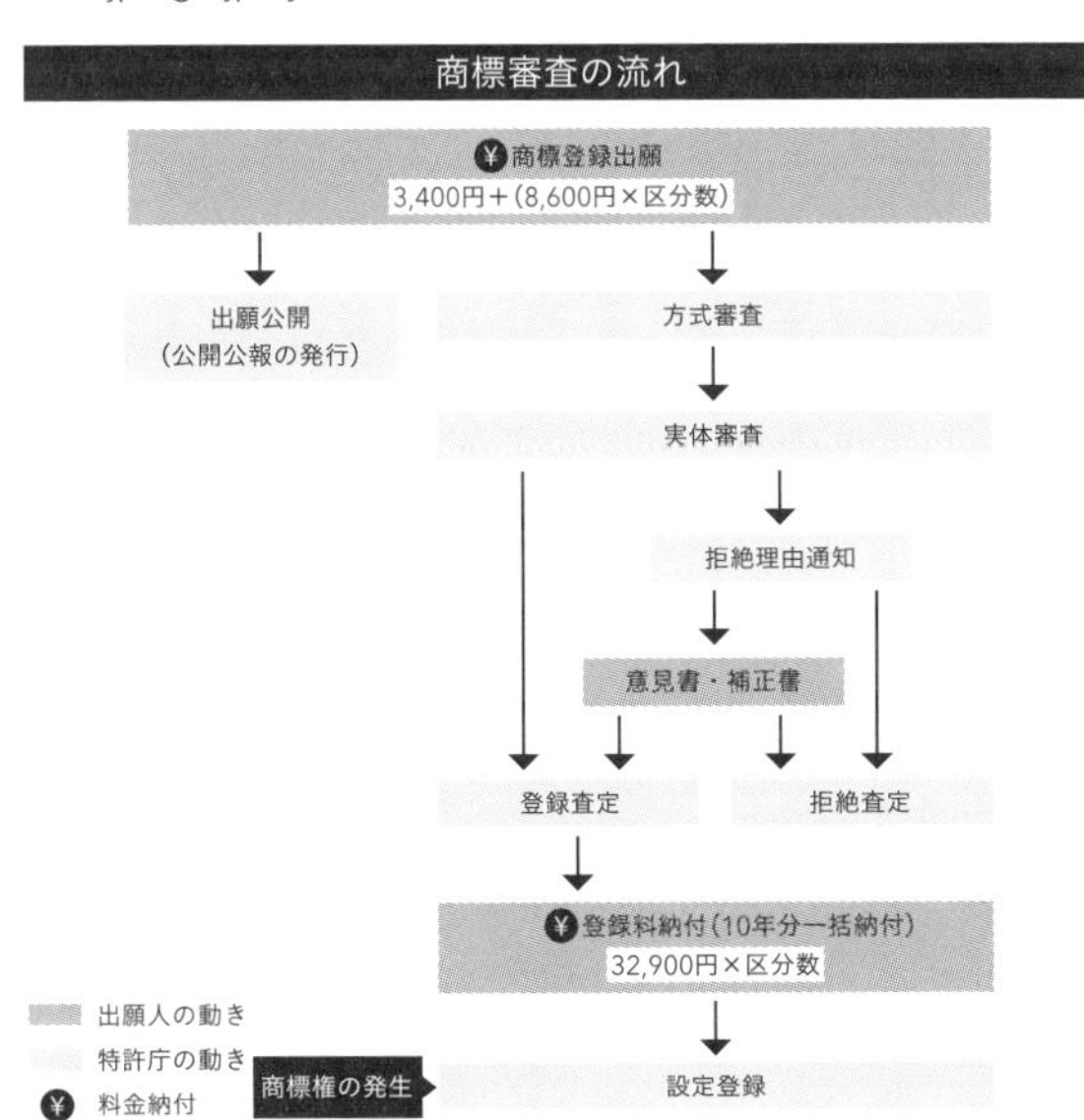

図10-2　筆者が商標権を有している「法務小僧」の登録例

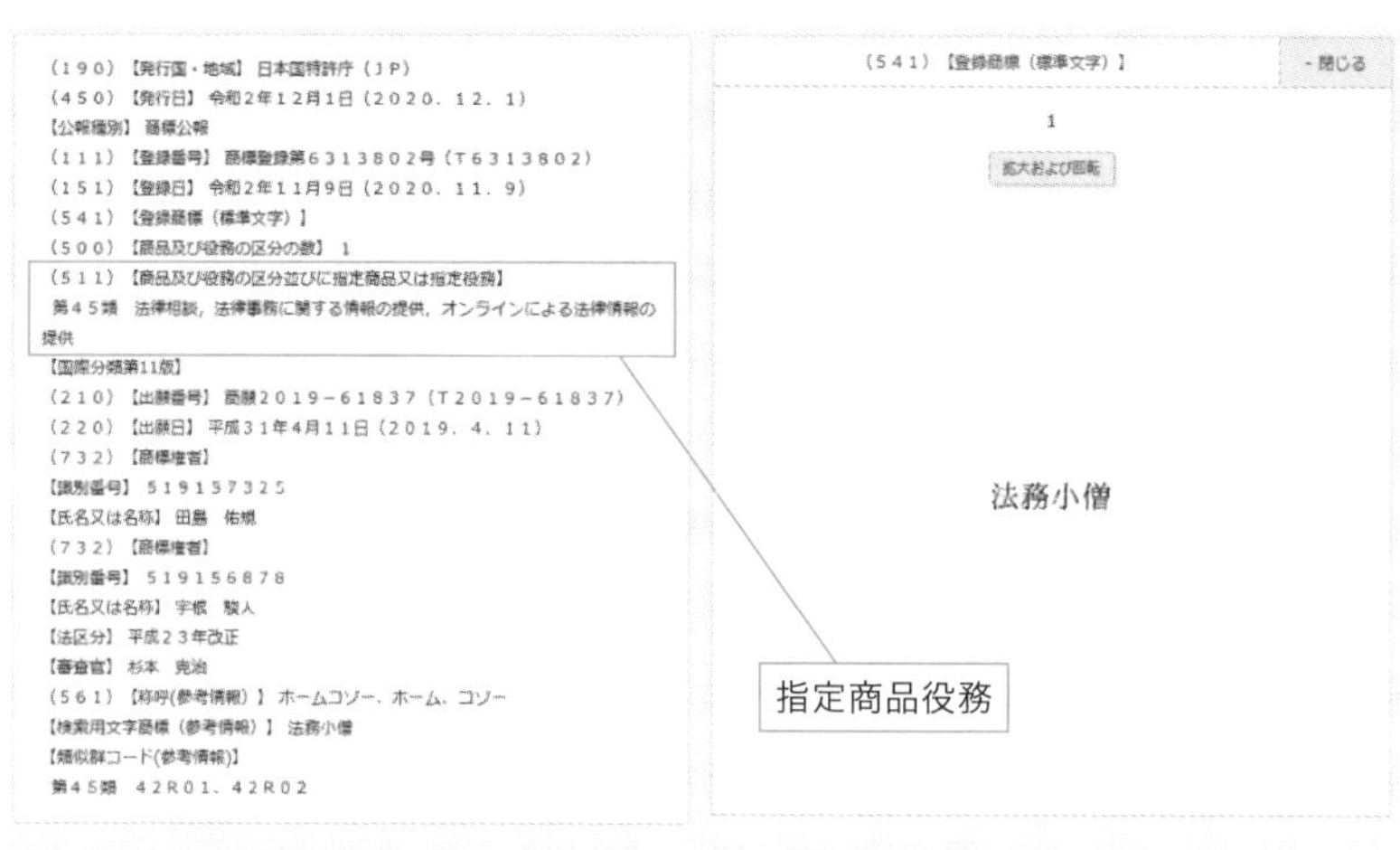
（１９０）【発行国・地域】日本国特許庁（ＪＰ）
（４５０）【発行日】令和２年１２月１日（２０２０．１２．１）
【公報種別】商標公報
（１１１）【登録番号】商標登録第６３１３８０２号（Ｔ６３１３８０２）
（１５１）【登録日】令和２年１１月９日（２０２０．１１．９）
（５４１）【登録商標（標準文字）】
（５００）【商品及び役務の区分の数】１
（５１１）【商品及び役務の区分並びに指定商品又は指定役務】
第４５類　法律相談，法律事務に関する情報の提供，オンラインによる法律情報の提供
【国際分類第11版】
（２１０）【出願番号】商願２０１９－６１８３７（Ｔ２０１９－６１８３７）
（２２０）【出願日】平成３１年４月１１日（２０１９．４．１１）
（７３２）【商標権者】
【識別番号】５１９１５７３２５
【氏名又は名称】田島　佑規
（７３２）【商標権者】
【識別番号】５１９１５６８７８
【氏名又は名称】宇根　駿人
【法区分】平成２３年改正
【審査官】杉本　克治
（５６１）【称呼(参考情報)】ホームコゾー、ホーム、コゾー
【検索用文字商標（参考情報）】法務小僧
【類似群コード(参考情報)】
第４５類　４２Ｒ０１、４２Ｒ０２

（５４１）【登録商標（標準文字）】
１
法務小僧

指定商品役務の「45」は、区分とよばれ、一定のカテゴリーの商品・役務をひとまとめにしたもの。1〜45類まであり、そのいずれかを指定する（複数指定することも可）
独立行政法人 工業所有権情報・研修館「特許情報プラットフォーム J-Plat Pat」（https://www.j-platpat.inpit.go.jp/）での検索結果を引用

なお、どんな商標でも登録できるわけではありません。例えば、次の①〜③に該当する商標などは登録することができないので、注意しましょう。

①自己と他人の商品・役務（サービス）とを区別することができないもの
②公共の機関の標章と紛らわしい等公益性に反するもの
③他人の登録商標や周知・著名商標等と紛らわしいもの

詳細は、特許庁のWebサイト「出願しても登録にならない商標」などをご覧ください。

商標権の効力とは？

商標が特許庁に登録されて商標権が発生すると、登録した商標を指定商品役務の範囲において独占的に使用することができ、他人にライセンス（使用許諾）することもできるようになります。

また、登録した指定商品役務と同一または類似の範囲において、登録した商標と同一または類似の商標の使用を禁止したり、損害賠償請求などをすることができます。なお、あくまで登録した指定商品役務と同一または類似の範囲において効力を有します。例えば、飲料水について商標権を取得したら、これと類似する商標が家具に付されていても商標権の効力は及びません。

また、商標権の効力が及ぶ地理的な範囲は、日本国内に限られます。海外でも商標権による保護を受けるためには、原則その国ごとに登録が必要となります。

商標権の存続期間は登録から10年ですが、一定の更新料を支払い更新することで半永久的に存続させることが可能です。

商標権侵害をしないための注意点

他の登録商標を調査し、場合によっては商標を取得する

商標権は著作権などと異なり、特許庁に登録されて初めて発生する権利という説明をしました。したがって、自分が使用したいと考えている商標が既に登録されていないかどうかは、J-PlatPatやToreruというサービスで検索できます。また、Toreruでは画像検索も比較的簡単にでき、

便利です。そのため、ある商標の利用を開始する前には、こうしたサイトを利用し、既に他人が商標権を取得していないかを調査することが重要です。

仮に利用開始時に商標登録がされていなかったとしても、後から他人に商標登録される可能性もあります。そのため、今後継続的に使用していきたいと考えている商標の場合には、自ら商標権を取得すべく、商標出願を検討することも重要でしょう。

商標権侵害を判断する際のポイント

商標権の効力について、「登録した指定商品役務と同一または類似の範囲において、登録商標と同一または類似の商標の使用を禁止できる」(=その範囲内であれば商標権侵害を主張できる)と記載しました。

そこで、商標権侵害かどうかについては、「類似」というものがどのように判断されるのかが問題となります。商標が類似しているかどうかは、「外観(見た目)、称呼(呼び方・発音)、観念(意味)の三要素を全体的に考察します。そして、取引の実情を考慮のうえ、商品・サービスの出所につき誤認混同が生じるか、要は紛らわしいか」により判断するとされています。こうした商標の類似の判断は、法的評価を伴うものであり、悩ましいケースも多いです。迷った場合には弁護士などの専門家に相談することがおすすめです。

また、商標権侵害の問題を考えるにあたって重要な概念として「商標的使用」が存在します。本章の冒頭で、商標の出所表示機能の説明をしましたが、商標を商品・サービスの出所を示すものとして使用しない場合には、「商標的使用」ではなく商標権侵害にはならないとされています。

例えば、「スターバックス」という商標が「書籍」を指定商品役務として商標登録されていたとします。そのような状況の中、Xさんが『スターバックスが人気であり続ける秘密』という書籍をY出版社から出版したとしましょう。この場合、「書籍」という同一の指定商品役務の範囲で、題名に「スターバックス」という文字が記載されています。しかし、これはあくまで内容を説明したものにすぎず、この書籍の出所を示すものとして「スターバックス」という文字が使用されているわけではありません。書籍の出所は、表紙や奥付に記載のあるY出版社として認識されることになるでしょう。したがって、こうした題名に使用されているスターバックスという文字は、商標的使用ではないといえます。

他にも、例えば、ある商品の説明文の中で、「我が社の商品は『〇〇ホテル』でも使用いただいております」といった記載をしたとします。仮にこの『〇〇ホテル』が当該商品を指定商品役務とする登録商標であったとしても、このように説明的に使用しているだけであれば、同じく商標的使用にはならず、商標権侵害にはならないと考えられます。

このように、他人の商標を使用することがどんな場面でも一律に禁止されるというわけではなく、商標権侵害が成立するには一定の要件がありますので、本章などを参考に正しい知識を身につけましょう。

第11章 身を守るためのフリーランス新法の基本

主に読んでほしい人

- 本書を手にした全ての方

フリーランス新法（以下、新法）は、ほぼ全てのクリエイターに関係があります。よって、この章はぜひ皆さんに読んでほしいです。

なお、自ら従業員を雇用している場合には、フリーランス（クリエイター側）としては新法の保護の対象とはなりません。しかし、発注者として他のクリエイターに業務を依頼する場合には新法に気を付ける必要があります。そのため、「自分はフリーランスではないから無関係だ」とは思わずに、ぜひご一読ください。

フリーランス新法とは？

2023年4月28日に「特定受託事業者に係る取引の適正化等に関する法律」（いわゆる「フリーランス新法」）が成立し、同年5月12日に公布されました。新法の施行日は、公布の日から起算して1年6月を超えない範囲内において政令で定める日とされています。

この法律は、フリーランスに関する取引の適正化や就業環境の整備などを目的としています。クリエイターの方にとって重要な法律、かつ、影響が大きいものなので、本章で解説します。なお、2024年2月時点の情報をもとに解説しています。今後、政省令・告示などで詳細が定められる予定なので、そちらの情報も随時、チェックをしてください。

下請法との違い

新法の話をする前に、「下請法」の話をします。下請法とは、親事業者（発注者）の下請事業者（クリエイター）に対する取引の公正や下請事業者の利益を保護することを目的とする法律です。新法と同様、クリエイターの方にとって重要な法律だといえます。

しかし、下請法は、「一定の規模を有する発注者からの案件でないと保護されない」「保護対象となる取引の類型が限定的である」など、下請法が適用されない場面も存在します。そこで、下請法が適用されない場面を含めてフリーランス保護を図るため、新法が制定されることとなりました。

具体的には、下請法と新法とでは、適用範囲に図11－1のような違いが主にあります。

図11-1　下請法とフリーランス新法の違い

	下請法	フリーランス新法
フリーランス側の要件の違い	従業員を雇用していても保護対象となる	従業員を雇用していると保護対象外
発注者側の要件の違い	資本金1000万円以下の発注者からの案件は対象外	要件なし（全ての事業者が対象）
対象となる取引の違い	法律が定める「情報成果物作成委託」という類型に該当する必要あり	情報成果物（デザインや動画など）の業務委託取引が幅広く対象

フリーランス新法の概要

新法は、簡単に言うと、『「ア」フリーランスと「イ」発注者との間の「ウ」業務委託取引について、「エ」発注者が守るべき義務などを定めた法律』です。その概要を説明していきます。

ア　フリーランス側の要件

新法で保護対象となるフリーランス（新法における「特定受託事業者」）は、①従業員を雇用しない個人のフリーランスと、②1人で法人成りした法人が該当します。

従業員を雇用していたり、役員が複数いたりする法人は新法での保護の対象となりません。

イ　発注者側の要件

新法の適用にあたって、発注者側（新法における「業務委託事業者」）に要件はありません。しかし、発注者側に課せられる内容に応じ、3つの発注者が想定されています。

①業務委託事業者：特定受託事業者（フリーランス）に業務委託をする事業者

②特定業務委託事業者：①の業務委託事業者であって、個人であって従業員を雇用する者か、法人であって二人以上の役員がおり、または、従業員を雇用する者

③一定の期間以上（どれくらいの期間かは今後、政令により定められます）の業務委託を行う特定業務委託事業者（以下では、便宜的に「特定業務委託事業者（継続的）」と表現します）

ウ　対象となる取引

情報成果物（デザインや動画など）の業務委託取引が幅広く対象です。そのため、クリエイターが行う業務委託取引は幅広く対象となるでしょう。

エ　発注者側に課せられる内容

発注者側には、「イ」の3つの属性に応じ、次のページの図11−2の義務などが課されます。なお、下請法と比べてみると、妊娠・出産・育児・介護に対する配慮やハラスメントに関する体制整備が発注者側の義務として課されているのが新法の特徴です。

また、発注者側の目線にたつと、新法施行後は、フリーランスと取引をする場合（外部パートナーに案件を手伝ってもらう場合など）については、発注書面の交付が必ず必要となるので、合わせて注意が必要です。

フリーランス新法・下請法に頼りすぎないことも大事

これまで、新法の概要を述べてきました。「フリーランスを保護する法律ができたから安心だ！」と思う人もいるかもしれませんが、簡単に考えてはいけません。というのも、発注者が新法に違反しても、行政がフリーランスのために、直接的に力を貸してくれるわけではないからです。

例えば、発注者が、報酬の支払期日になっても報酬を支払わないとします。これは、新法に違反する行為（支払遅延の禁止）ですが、このような場合、行政は発注者に対し「フリーランスに報酬を支払うように」と指導などをするのが主な仕事となります。この指導などに素直に従って報酬が支払われればよいのですが、発注者が当該指導などに従わない場合、行政が発注者に対し強制的に

図11-2　発注者側に課せられる義務

	規定の内容	業務委託事業者	特定業務委託事業者	特定業務委託事業者（継続的）	下請法との比較
発注者が負う義務	発注書面の交付義務	○	○	○	○
	支払期日の設定義務	−	○	○	○
発注者に禁止される行為	受領拒否の禁止	−	−	○	○
	支払遅延の禁止	−	○	○	○
	代金減額の禁止	−	−	○	○
	返品の禁止	−	−	○	○
	買いたたきの禁止	−	−	○	○
	購入・利用強制の禁止	−	−	○	○
	報復措置の禁止	○	○	○	○
	利益提供要請の禁止	−	−	○	○
	不当な給付内容の変更・やり直しの禁止	−	−	○	○
発注者が行うべき就業環境の整備	募集情報の的確な表示	−	○	○	−
	妊娠・出産・育児・介護に対する配慮	−	−	○	−
	ハラスメント行為に関する体制整備	−	○	○	−
	中途解約等の予告	−	−	○	−

※下請法においては、発注者が負う義務として、①取引記録の作成・保存義務、②遅延利息の支払義務が、発注者に禁止される行為として、①有償支給材の早期決済の禁止、②割引困難手形の交付の禁止が規定されていますが、新法では規定されていません。

支払わせたり、行政が支払いを肩代わりしたりすることはありません。新法に違反した発注者名が公表されたり、最終的には罰金などが科されたりする場合もありますが、これらの場合であっても、フリーランスに直接的な救済があるわけではありません。

もちろん、新法（や下請法）違反であることを指摘することは交渉の武器の1つにはなりますが、新法や下請法によって、直接的にクリエイターが保護されるわけではないのです。本書で解説する対応策・予防策をしっかり講じて自衛をするのがまずは大事だということを覚えておいてください。

第12章 知っておきたい その他の法律や知識

本章では、これまで解説してきたもの以外にクリエイターの方に知っておいてほしい法律や知識を解説しています。

取り扱っている内容は、「広告規制」「ステマ規制」「特定商取引法」「個人情報保護法」です。これまで同様に「主に読んでほしい人」を各項目の冒頭に記しているので、最低限を知りたい方はそちらを参考にしてください。

景品表示法など広告に関するルール

主に読んでほしい人

- クライアント商品の広告に関するクリエイティブ制作案件を受注したクリエイター
- 広告代理店から案件を受注したクリエイター

広告に関するルールがあることを把握しておこう

クリエイティブの制作にあたっては、他者の著作権や商標権を侵害しないよう留意する必要があります。しかし、広告案件を受注した場合には、その他にも注意するルールがあります。その主なものが景品表示法です。

また、景品表示法以外にも、ヘルスケア関係（医薬品・化粧品・医療機関など）・食品関係（健康食品など）・不動産関係・金融関係・士業関係（弁護士など）などは、業界特有の広告ルールがある場合があります。それぞれの詳細はここでは解説しませんが、広告案件を受注した場合には、著作権法などの他にも気を付けないといけない広告に関するルールがあることをまずは把握しておきましょう。

なお、それらのルールを遵守する必要があるのは広告主であり、広告主との契約において、「制作物の内容が広告に関するルールを遵守していることを保証する」といった内容を規定しないよう留意する必要があるのは、12で解説した通りです。とはいえ、トラブルに対するアンテナを張るという観点から、全てを勉強する必要はないものの、広告に関するルールがあるということは最低限知っておくのがよいでしょう。

表示規制の基本

主に読んでほしい人

- クライアント商品の広告に関するクリエイティブ制作案件を受注したクリエイター
- 広告代理店から案件を受注したクリエイター

- 自らの営業手段としてＷｅｂサイトなどを作成しているクリエイター

うそや大げさな表現はしないようにする

景品表示法では、うそや大げさな表示など、見た人をだますような表示が禁止されています。具体的には、次のようなものが禁止されています。

①商品やサービスの品質などについて、実際のものや事実に相違して競合事業者のものより著しく優良であると見た人に誤解させる表示（優良誤認表示）
②商品やサービスの価格などの取引条件について、実際のものや事実に相違して競合事業者のものより著しく有利であると見た人に誤解させる表示（有利誤認表示）

自らが営業する場合にはもちろんですが、クライアントの資料や指示を鵜呑みにしてうっかり違法な成果物を制作してしまわないよう、**うそや大げさな表現をしてはいけないというルールがある**ということを覚えておきましょう。特に、他社の商品と比較した広告を制作する場合には、より問題になりやすいので、注意が必要です。

注意が必要なステマ規制

主に読んでほしい人

- 企業からの広告案件を受注したクリエイター（インフルエンサー）
- アフィリエイトに関与しているクリエイター

広告案件には「広告」・「ＰＲ」といった表示をする

実際は広告であるにもかかわらず広告であることを隠す、いわゆるステルスマーケティング（ステマ）は景品表示法により規制されています。

例えば、ショート動画のクリエイターが、企業からの広告案件として、当該企業から報酬を受領の上、当該企業の商品やサービスを個人的におすすめするかのような（＝当該企業から報酬を受領したことがわからないような）動画をＳＮＳに投稿する行為は、ステマとなります。このような投稿をする場合には、広告案件であることがわかるように、投稿に際して、「ＰＲ」や「広告」といった表示を合わせてする必要があります。

企業から報酬を受け取っていなくても、サンプルとして商品の提供を受けるなど、何らかの見返りがある場合にも、ステマ規制の対象となります。また、企業から商品やサービスの紹介を明示的に依頼されていなくても、客観的な状況に基づき企業がクリエイターの投稿内容に関与したと判断される場合には、この場合もステマ規制の対象になるとされているので、注意が必要です。

なお、ステマ規制の直接の対象となるのは広告主ですが、ステマを行ったクリエイター側にも世間から厳しい目が向けられ、場合によっては今後の活動にも影響が出ると思われますので、クリエイター側も注意が必要でしょう。

特定商取引法とは？

主に読んでほしい人

- インターネットで集客し、案件を受注するクリエイター

特定商取引法に基づく表記を公開しよう

インターネットで集客し、インターネット上で案件を受注するクリエイターは、特定商取引法という法律に注意する必要があります。

特定商取引法では、広告（集客用のＷｅｂサイト）に表示する必要のある事項を定めており、通常は、集客用のＷｅｂサイト内にて、フッターにリンクを貼るなどの方法により、「特定商取引法に基づく表記」というページを設け、これに対応することが多いでしょう。どのような事項を表示しないといけないかは、消費者庁のＷｅｂサイト（参考文献参照）をご覧ください。なお、特定商取引法は、消費者を保護するための法律なので、一般消費者からの案件は受け付けない（企業の案件しか受けない）のであれば、適用対象外となります。

また、以上の「特定商取引法に基づく表記」の他に、申し込みの意思表示が行われる最終の画面（最終確認画面）にも一定の事項を表示することが求められます。どのような事項を表示しなければいけないかは、前述の消費者庁のＷｅｂサイトをご覧ください。

特定商取引法に基づく表記や最終確認画面における表示の内容を具体的にどのように作成すればよいのかは、上記消費者庁のＷｅｂサイトのほか、同種のインターネットサービスをやっている企業の表示内容を参考にするとよいでしょう。特定商取引法に基づく表記については、インターネットで「特定商取引法に基づく表記」などと検索したり、各社のサービスサイトのフッターを見にいけば、各社の表示内容を見ることができます。

個人情報保護法のポイント

主に読んでほしい人

- インターネットで集客しているクリエイター
- クライアントの個人情報や名刺情報を管理しているクリエイター
- 案件の中などで個人情報を取り扱っているクリエイター

個人情報の取り扱いに注意しよう

インターネット上にお問い合わせフォームなどを設けて、当該フォームから案件を受注しているクリエイターは、個人情報保護法に注意する必要があります。

個人情報保護法では、個人情報の取得に際しては利用目的を公表等しなければならないといったルールなどがあり、通常は、集客用のＷｅｂサイト内にて、フッターにリンクを貼るなどの方法により、「プライバシーポリシー」というページを設け、これに対応することが多いでしょう。

プライバシーポリシーの内容を具体的にどのように作成すればよいのかについては、同種のサービスをやっている企業のプライバシーポリシーの内容を参考にするとよいでしょう。インターネットで「プライバシーポリシー」などと検索したり、各社のサービスサイトのフッターを見にいけば、各社のプライバシーポリシーを見ることができます。

また、個人情報を管理するにあたっては、個人情報が漏えいなどしないよう対策をする必要があります。例えば、ＯＳを最新の状態に保持したり、セキュリティ対策ソフトを導入したりするなどがあります。

ありがちな危うい取り扱い方法としてアクセス権限の管理が手間であることから「リンクを知っている全員がアクセス可能」といった形でファイルを共有しているケースがあります。これは、情報漏えいに繋がりかねない手法ですので、個人情報を含む重要な情報（契約書など）が含まれるファイルについては、このような共有手法は控えた方がよいでしょう。

おわりに

この度は、『クリエイター六法』をお手に取っていただき、ありがとうございました。本書が、クリエイターの方にとって、より安心して活動できるための辞書・お守りのような存在としてお役に立てていれば幸いです。

現代は、新たなSNSやプラットフォームの登場により、誰もがクリエイターとして自己表現や発信が可能な時代です。このような状況の中で、対外的にクリエイティブ活動を行い、作品などを発信する方の数も増え続けており、それに伴い、新たな課題やトラブルの事例も増え続けると予想されます。

こうした状況に対し、クリエイターの方に、専門家による法律相談を受けなくても、自力で最低限必要な交渉やトラブル対応をできるようになっていただくことが我々の目標です。

そのサポートの第1弾として、よくあるトラブルや最低限知っておいていただきたい知識を厳選して、本書を執筆しました。もっとも、クリエイターの方にぜひとも知っておいていただきたい知識やノウハウは他にも多数あります。また、生成AIなどの新技術の登場や、フリーランス新法施行などの法改正の動向などにより、新たなトラブル事例や知っておいていただきたい知識も生まれていくでしょう。そこで、クリエイターの方からの本書に対する反応を見ながら、第2弾も検討していきたいと思っています。つきましては、ぜひ、本書に関する感想などをお寄せいただければ幸いです。

最後になりますが、この場を借りて、本書の制作に携わっていただいた全ての方々や、「デザイナー法務小僧」の活動に携わってくださった全ての方々に心から感謝いたします。『クリエイター六法』がクリエイティブ活動を行う方々のお役に立てること、ひいては、この社会における文化の発展に資することを心より願っております。

2024年3月　田島佑規　宇根駿人

■ コラム

・ミッキーマウスの著作権保護期間／骨董通り法律事務所／福井健策
https://www.kottolaw.com/column/190913.html
ミッキーマウスの著作権保護期間をテーマに解説された記事です。
複雑な保護期間の計算方法につき詳しく知りたい方はぜひ読んでみてください。

・概説フリーランス新法／骨董通り法律事務所／小山紘一
https://www.kottolaw.com/column/230829.html
フリーランス新法の必要性、沿革、概要について解説されています。

・デザイン分野における契約書作成・交渉のための基礎知識／骨董通り法律事務所／田島佑規
https://www.kottolaw.com/column/230227.html
著者によるコラム記事。デザイン分野における業務委託契約書のひな型と
各条項のポイント解説が掲載されています。

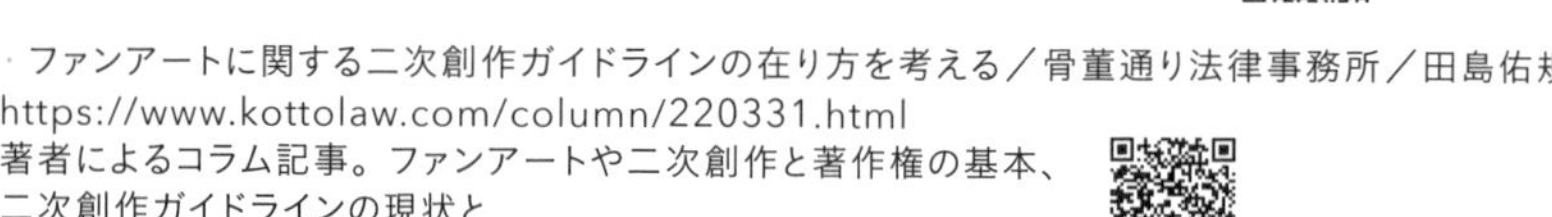

・ファンアートに関する二次創作ガイドラインの在り方を考える／骨董通り法律事務所／田島佑規
https://www.kottolaw.com/column/220331.html
著者によるコラム記事。ファンアートや二次創作と著作権の基本、
二次創作ガイドラインの現状と
課題についての解説が掲載されています。

■ 特許・商標

・特許情報プラットフォーム（J-PlatPat［JPP］）／ INPIT（独立行政法人 工業所有権情報・研修館）
https://www.j-platpat.inpit.go.jp/
登録されている商標などが検索できます。

・Toreru 商標検索／株式会社 Toreru
https://search.toreru.jp/
登録されている商標に関し、画像検索が簡単にできます。

■ 特定商取引法

・通信販売 | 特定商取引法ガイド／消費者庁
https://www.no-trouble.caa.go.jp/what/mailorder/
248 ページで紹介している Web サイトです。

■ 法律相談

・文化芸術活動に関する法律相談窓口／文化庁
文化芸術活動に関係して生じる問題やトラブル
（フリーランス新法やインボイス制度への対応を含む）に対する法律相談窓口です。
https://www.bunka.go.jp/seisaku/bunka_gyosei/kibankyoka/madoguchi/index.html

・フリーランス・トラブル 110 番／厚生労働省
https://freelance110.jp/
国により運営されている法律相談サイトです。
なお、実際の相談は第二東京弁護士会が運営しています。

・インターネット上の海賊版による著作権侵害対策情報ポータルサイト／文化庁
https://www.bunka.go.jp/seisaku/chosakuken/kaizoku/index.html
初めての「削除要請」ガイドブックや、著作権侵害（海賊版）対策ハンドブック、
個人クリエイター、コンテンツ企業などの権利者の皆様向けの相談窓口などが存在します。

・東京芸術文化相談サポートセンター「アートノト」／公益財団法人東京都歴史文化財団 アーツカウンシル東京
https://artnoto.jp/
東京都内で活動する様々なアーティストや芸術文化の担い手のための相談サイトです。

・アーツ・アンド・ロー
https://www.arts-law.org/
芸術・文化・創造的な活動に関する相談サイトです。弁護士・弁理士・会計士など
有資格の専門家の協働により運営されています。

・Law and Theory
https://law-and-theory.com/
音楽活動に関する法律相談サイトです。弁護士により運営されています。

・fashionlaw.tokyo
https://fashionlaw.tokyo/
ファッションに関する法律相談サイトです。弁護士により運営されています。

参考文献

『18歳の著作権入門』
福井健策(著)(ちくまプリマー新書、2015年)
ISBN:978-4-480-68928-3

『著作・創作にかかわる法律 これでおさえる勘どころ』
岡本健太郎(著)(法研、2024年)
ISBN:978-4-86513-727-9

『著作権トラブル解決のバイブル! クリエイターのための権利の本 改訂版』
大串肇、北村崇、木村剛大、古賀海人、齋木弘樹、角田綾佳、染谷昌利(著)(ボーンデジタル、2023年)
ISBN:978-4-86246-582-5

『事例に学ぶ著作権事件入門―事件対応の思考と実務―』
星大介、木村剛大、片山史英、平井佑希(著)(民事法研究会、2023年)
ISBN:978-4-86556-564-5

『ビジネスパーソンのための契約の教科書』
福井健策(著)(文春新書、2011年)
ISBN:978-4-16-660834-8

『「新編」エンタテインメントの罠 アメリカ映画・音楽・演劇ビジネスと契約マニュアル』
福井健策(編著)、重田樹男/小原恒之/曾根香子(著)(すばる舎、2003年)
ISBN:978-4-88399-284-3

『クリエイター1年目のビジネススキル図鑑』
山田邦明(著)(KADOKAWA、2022年)
ISBN:978-4-04-605544-6

『エンタテインメント法実務』
骨董通り法律事務所(編)(弘文堂、2021年)
ISBN:978-4-335-35816-6

参考Webサイト紹介

各解説のなかで出てきたWebサイトや、知っておくと便利なWebサイトをまとめました。

ぜひ参考にしてください。

■ 著作権

・令和5年度著作権テキスト/文化庁
https://www.bunka.go.jp/seisaku/chosakuken/seidokaisetsu/93726501.html
文化庁による著作権法を網羅的に解説したテキストです。第9章内でもいくつかページ数をご案内していますが、より詳しく知りたい方は適宜参照ください。

著者プロフィール

宇根 駿人（うね・はやと）

弁護士／大道寺法律事務所
滋賀県長浜市出身。滋賀県立彦根東高等学校・京都大学法学部卒、京都大学法科大学院修了（法務博士）。共栄法律事務所を経て、ITベンチャー企業へ転職。その後、独立し現職（大道寺法律事務所パートナー）。
企業で社内弁護士として勤務した経験から、現在はインハウス法務の受託を主に取り扱う。主なクライアントとしては、音声配信プラットフォームを運営する企業やマンガ配信プラットフォームを運営する企業、プライバシーテックを取り扱う企業など。

X（旧Twitter）：@hayato_une
note：https://note.com/unehayato

田島 佑規（たじま・ゆうき）

弁護士／骨董通り法律事務所
大阪府高槻市出身。洛南高等学校・神戸大学法学部卒、京都大学法科大学院修了（法務博士）。弁護士法人淀屋橋・山上合同を経て、現在、骨董通り法律事務所メンバー。
出版、映像、演劇・ライブイベント、音楽、デザイン等のクリエイティブ・エンタテインメント分野における法務サポートを中心的に行う。共著として『エンタテインメント法実務』（弘文堂）、『はじめての演劇』（日本演出家協会）、『10歳からの著作権』（Gakken）〔監修〕ほか。京都大学法科大学院・芸術文化観光専門職大学非常勤講師なども務める。

X（旧Twitter）：@houjichazuki

デザイナー法務小僧

デザイナー法務小僧は、クリエイター及びクリエイティブ業界に携わる皆様が法の専門家による適切なリーガルサービスに簡単にアクセスできる環境を整え、クリエイティブ産業の発展に貢献することをミッションとして開設されたWebサイト。
2018年6月に京都大学法科大学院の同期であった本書の執筆者である田島と宇根により開設。
これまで延べ200人以上のデザイナー・クリエイターに対して無料法律相談を実施するほか、イベントの開催・登壇、SNSでの情報発信などを行う。

HP：https://d-kozo.com/
X（旧Twitter）：@designer_kozo
note：https://note.com/d_kozo

本書に関するお問い合わせ

このたびは翔泳社の書籍をお買い上げいただき、誠にありがとうございます。弊社では、読者の皆様からのお問い合わせに適切に対応させていただくため、以下のガイドラインへのご協力をお願い致しております。下記項目をお読みいただき、手順に従ってお問い合わせください。

■ ご質問される前に
弊社 Webサイトの「正誤表」をご参照ください。これまでに判明した正誤や追加情報を掲載しています。
正誤表 https://www.shoeisha.co.jp/book/errata/

■ ご質問方法
弊社 Web サイトの「書籍に関するお問い合わせ」をご利用ください。
書籍に関するお問い合わせ　https://www.shoeisha.co.jp/book/qa/
インターネットをご利用でない場合は、FAX または郵便にて、下記 “ 翔泳社 愛読者サービスセンター ” までお問い合わせください。電話でのご質問は、お受けしておりません。

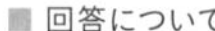

■ 回答について
回答は、ご質問いただいた手段によってご返事申し上げます。ご質問の内容によっては、回答に数日ないしはそれ以上の期間を要する場合があります。

■ ご質問に際してのご注意
本書の対象を超えるもの、記述個所を特定されないもの、また読者固有の環境に起因するご質問等にはお答えできませんので、あらかじめご了承ください。

■ 郵便物送付先およびFAX 番号
送付先住所　〒160-0006 東京都新宿区舟町5
FAX 番号　03-5362-3818
宛先　㈱翔泳社 愛読者サービスセンター

※本書に記載されたURL等は予告なく変更される場合があります。
※本書の出版にあたっては正確な記述につとめましたが、著者や出版社などのいずれも、本書の内容に対してなんらかの保証をするものではなく、内容やサンプルに基づくいかなる運用結果に関してもいっさいの責任を負いません。
※本書に記載されている会社名、製品名はそれぞれ各社の商標および登録商標です。

ブックデザイン　沢田幸平（happeace）
カバー・本文イラスト　ササキ
DTP　株式会社 明昌堂
編集　小塲 いつか

クリエイター六法　受注から制作、納品までに潜むトラブル対策55

2024 年 3 月 21 日 初版第 1 刷発行
2024 年 4 月 25 日 初版第 2 刷発行

著者　宇根 駿人（うね はやと）
　　　田島 佑規（たじま ゆうき）
発行人　佐々木 幹夫
発行所　株式会社 翔泳社（https://www.shoeisha.co.jp）
印刷・製本　株式会社 ワコー

造本には細心の注意を払っておりますが、万一、乱丁（ページの順序違い）や落丁（ページの抜け）がございましたら、お取り替えいたします。03-5362-3705 までご連絡ください。

ISBN978-4-7981-8414-2

Printed in Japan